奇妙的化学

肖叶 吴克端／著 杜煜／绘

以日记为引，讲化学百科
1分钟了解1个知识点

人民文学出版社 天天出版社

日记好看，科学好玩儿

国际儿童读物联盟前主席　张明舟

人类有好奇的天性，这一点在少年儿童身上体现得尤为突出：他们求知欲旺盛，感官敏锐，爱问“为什么”，对了解身边的世界具有极大热情。各类科普作品、科普场馆无疑是他们接触科学知识的窗口。其中，科普图书因内容丰富、携带方便、易于保存等优势，成为少年儿童及其家长的首选。

“孩子超喜爱的科学日记”是一套独特的为小学生编写的原创日记体科普童书，这里不仅记录了丰富有趣的日常生活，还透过“身边事”讲科学。书中的主人公是以男孩童晓童为首的三个“科学小超人”，他们从身边的生活入手，探索科学的秘密花园，为我们展开了一道道独特的风景。童晓童的“日记”记录了这些有趣的故事，也自然而然地融入了科普知识。图书内容围绕动物、植物、物理、太空、军事、环保、数学、地球、人体、化学、娱乐、交通等主题展开。每篇日记之后有“科学小贴士”环节，重点介绍日记中提到的一个知识点或是一种科学理念。每册末尾还专门为小读者讲解如何写观察日记、如何进行科学小实验等。

我在和作者交流中了解到本系列图书的所有内容都是从无到有、从有到精，慢慢打磨出来的。文字作者一方面需要掌握多学科的大量科学知识，并随时查阅最新成果，保证知识点准确；另一方

面还要考虑少年儿童的阅读喜好，构思出生动曲折的情节，并将知识点自然地融入其中。这既需要勤奋踏实的工作，也需要创意和灵感。绘画者则需要将文字内容用灵动幽默的插图表现出来，不但要抓住故事情节的关键点，让小读者看后“会心一笑”，在涉及动植物、器物等时，更要参考大量图片资料，力求精确真实。科普读物因其内容特点，尤其要求精益求精，不能出现观念的扭曲和知识点的纰漏。

“孩子超喜爱的科学日记”系列将文学和科普结合起来，以一个普通小学生的角度来讲述，让小读者产生亲切感和好奇心，拉近了他们与科学之间的距离。严谨又贴近生活的科学知识，配上生动有趣的形式、活泼幽默的语言、大气灵动的插图，能让小读者坐下来慢慢欣赏，带领他们进入科学的领地，在不知不觉间，既掌握了知识点，又萌发了对科学的持续好奇，培养起基本的科学思维方式和方法。孩子心中这颗科学的种子会慢慢生根发芽，陪伴他们走过求学、就业、生活的各个阶段，让他们对自己、对自然、对社会的认识更加透彻，应对挑战更加得心应手。这无论对小读者自己的全面发展，还是整个国家社会的进步，都有非常积极的作用。同时，也为我国的原创少儿科普图书事业贡献了自己的力量。

我从日记里看到了“日常生活的伟大之处”。原来，日常生活中很多小小的细节，都可能是经历了千百年逐渐演化而来。“孩子超喜爱的科学日记”在对日常生活的探究中，展示了科学，也揭开了历史。

她叫范小米，同学们都喜欢叫她米粒。他叫皮尔森，中文名叫高兴。我呢，我叫童晓童，同学们都叫我童童。我们三个人既是同学也是最好的朋友，还可以说是“臭味相投”吧！这是因为我们有共同的爱好。我们都有好奇心，我们都爱冒险，还有就是我们都酷爱科学。所以，同学们都叫我们“科学小超人”。

童晓童一家

童晓童 男，10岁，阳光小学四年级（1）班学生

我长得不能说帅，个子嘛也不算高，学习成绩中等，可大伙儿都说我自信心爆棚，而且是淘气包一个。沮丧、焦虑这种类型的情绪，都跟我走得不太近。大家都叫我童童。

我的爸爸是一个摄影师，他总是满世界地玩儿，顺便拍一些美得叫人不敢相信的照片登在杂志上。他喜欢拍风景，有时候也拍人。其实，我觉得他最好的作品都是把镜头对准我和妈妈的时候诞生的。

我的妈妈是一个编剧。可是她花在键盘上的时间并不多，她总是在跟朋友聊天、逛街、看书、沉思默想、照着菜谱做美食的分分秒秒中，孕育出好玩儿的故事。为了写好她的故事，妈妈不停地在家里扮演着各种各样的角色，比如侦探、法官，甚至是坏蛋。有时，我和爸爸也进入角色和她一起演。好玩儿！我喜欢。

我的爱犬琥珀得名于它那双“上不了台面”的眼睛。在有些人看来，蓝色与褐色才是古代牧羊犬眼睛最美的颜色。8 岁那年，我在一个拆迁房的周围发现了它，那时它才 6 个月，似乎是被以前的主人遗弃了，也许正是因为它的眼睛。我从那双琥珀色的眼睛里，看到了对家的渴望。小小的我跟小小的琥珀，就这样结缘了。

范小米一家

范小米 女，10岁，阳光小学四年级（1）班学生

我是童晓童的同班同学兼邻居，大家都叫我米粒。其实，我长得又高又瘦，也挺好看。只怪爸爸妈妈给我起名字时没有用心。没事儿的时候，我喜欢养花、发呆，思绪无边无际地漫游，一会儿飞越太阳系，一会儿潜到地壳的深处。有很多好玩儿的事情在近100年之内无法实现，所以，怎么能放过想一想的乐趣呢？

我的爸爸是一个考古工作者。据我判断，爸爸每天都在历史和现实之间穿越。比如，他下午才参加了一个新发掘古墓的文物测定，晚饭桌上，我和妈妈就会听到最新鲜的干尸故事。爸爸从散碎的细节中整理出因果链，让每一个故事都那么奇异动人。爸爸很赞赏我的拾荒行动，在他看来，考古本质上也是一种拾荒。

我妈妈是天文馆的研究员。爸爸埋头挖地，她却仰望星空。我成为一个矛盾体的根源很可能就在这儿。妈妈有时举办天文知识讲座，也写一些有关天文的科普文章，最好玩儿的是制作宇宙剧场的节目。妈妈知道我好这口儿，每次有新节目试播，都会带我去尝鲜。

我的猫名叫小饭，妈妈说，它恨不得长在我的身上。无论什么时候，无论在哪儿，只要一看到我，它就一溜小跑，来到我的跟前。要是我不立马知情识趣地把它抱在怀里，它就会把我的腿当成猫爬架，直到把我绊倒为止。

皮尔森一家

皮尔森 男，11岁，阳光小学四年级（1）班学生

我是童晓童和范小米的同班同学，也是童晓童的铁哥们儿。虽然我是一个英国人，但我在中国出生，会说一口地道的普通话，也算是个中国通啦！小的时候妈妈老怕我饿着，使劲儿给我摅饭，把我养成了个小胖子。不过胖有胖的范儿，而且，我每天都乐呵呵的，所以，爷爷给我起了个中文名字叫高兴。

我爸爸是野生动物学家。从我们家常常召开“世界人种博览会”的情况来看，就知道爸爸的朋友遍天下。我和童晓童穿“兄弟装”的那两件有点儿像野人穿的衣服，就是我爸爸野外考察时带回来的。

我妈妈是外国语学院的老师，虽然才36岁，认识爸爸却有30年了。妈妈简直是个语言天才，她会6国语言，除了教课以外，她还常常兼任爸爸的翻译。

我爷爷奶奶很早就定居中国了。退休之前，爷爷是大学生物学教授。现在，他跟奶奶一起，住在一座山中别墅里，还开垦了一块荒地，过起了农夫的生活。

奶奶是一个跨界艺术家。她喜欢奇装异服，喜欢用各种颜色折腾她的头发，还喜欢在画布上把爷爷变成一个青蛙身子的老小伙儿，她说这就是她的青蛙王子。有时候，她喜欢用笔和颜料以外的材料画画。我在一幅名叫《午后》的画上，发现了一些干枯的花瓣，还有过了期的绿豆渣。

目 录

1月30日 星期二 大象牙膏……10
2月14日 星期三 牛奶胶水……14
2月19日 星期一 下一场黄金雨……18
2月22日 星期四 "防火"手帕……22
2月25日 星期日 水中花园……26
5月28日 星期一 可乐喷泉……30
6月22日 星期五 冰魔法……34
7月14日 星期六 好吃的电池……38
7月25日 星期三 龙井肥皂……42
8月30日 星期四 肥皂蜡烛……46
9月19日 星期三 人造火山……50
10月7日 星期日 蓝莓珍珠……54
10月12日 星期五 黄瓜汽水……58
10月30日 星期二 万圣节鬼火……62
11月1日 星期四 熔岩灯……66
11月3日 星期六 最后的蚊子……70

11月4日 星期日 蓝色妖姬 …………………… 74
11月9日 星期五 幽灵船上的硬币 …………………… 78
11月10日 星期六 “法老之蛇” …………………… 82
11月14日 星期三 吹不灭的生日蜡烛 …………………… 86
11月15日 星期四 养在窗台上的“水晶” …………………… 90
11月18日 星期日 拯救围巾大作战 …………………… 94
11月24日 星期六 名侦探范小米 …………………… 98
11月26日 星期一 我们的炼金术 …………………… 102
12月20日 星期四 果冻弹力球 …………………… 106
12月21日 星期五 风暴瓶 …………………… 110
12月24日 星期一 千树万树梨花开 …………………… 114
12月27日 星期四 密信 …………………… 118
12月29日 星期六 寄一片雪花 …………………… 122
12月30日 星期日 永不凋谢的蜡梅花 …………………… 126
童童有话说——怎样做科学小实验 …………………… 130

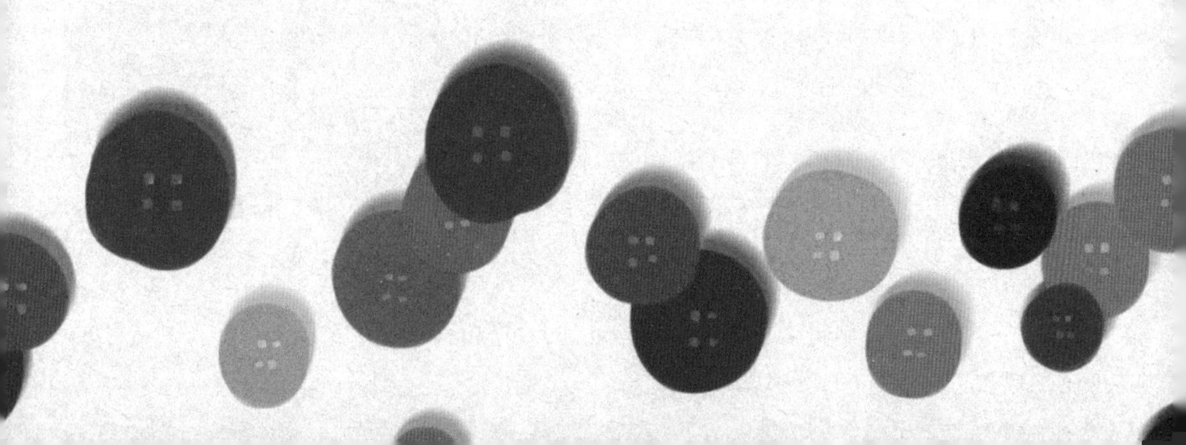

1月30日 星期二 大象牙膏

今天午休的时候，高兴兴高采烈地跑过来，说要做大象牙膏给我们看。

什么？大象也用牙膏？别逗了，大象要是会刷牙，那牙膏生产厂家还不乐疯了。

高兴拒绝跟我进行这种拉低智商的讨论。他神秘地掏出了一个矿泉水瓶，里面有一些黏稠的液体，大约有20毫升，闻起来有股熟悉的香味。我还是头回见到含柠檬香味的化学药品呢！我好奇地研究了半天，结果高兴告诉我那是洗洁精……洗洁精你搞得这么神秘干什么？

接着高兴又拿出了一个小瓶，用

小勺子从里面舀出大约 30 克白色的粉末，倒进了矿泉水瓶。

白色粉末是什么？不会是盐吧？

没想到还真差不多——高兴说白色的粉末是碘化钾，以前人们常吃的碘盐里面添加的碘就是它。但是因为碘有毒，所以食盐里加的碘一般都是无毒的碘化钾或者碘酸钾（按二万分之一的比例）。不过，高兴你把厨房里的东西搬过来干吗？

高兴指挥我去晃矿泉水瓶，说要让洗洁精和碘化钾混合得均匀一点儿。他自己从包里拿出了一个包得很严实的蓝色塑料瓶，容量大概有 200 毫升。

根据前面的经验，我猜里面大概是牛奶。米粒也漫不经心地去拿瓶子，我觉得她八成跟我有相同的想法。可没想到这次高兴紧张地护住了瓶子。他叫我们别乱动，里面可是过氧化氢！过氧化氢？嘁！那不就是双氧水吗？医院当消毒水用的。我提醒高兴，他上周摔破了手去校医务室，医生给他消毒用的就是双氧水。所以嘛，大可不必这么大惊小怪。

高兴回答我说，这不是普通的、浓度低于 3% 的双氧水，是他特地找来的浓度为 30% 的双氧水。

我默默地收回了手。浓度 30% 的双氧水腐蚀性可就很强了，不小心沾上一点儿，手就会又痒又疼难受半天，要是不立即用清水冲洗，还可能烧伤皮肤。

可是米粒却似乎很有兴趣，她认为既然双氧水有强氧化性，可以漂白物品，那肯定也可以美白皮肤啦，听说有些明星还用它来做面膜呢。

我和高兴一致认为，这真是我们听过的最蠢的做法了。双氧水可是会损伤皮肤的，虽然暂时有变白的效果，但是如果不想自己的脸最后变成芝麻饼的话，最好还是不要打双氧水的主意。

鉴于双氧水的危险性，我们三个决定去实验室进行这个实验。来到实验室后，在老师的指导下，高兴戴上防腐蚀手套和防护眼镜，拿起了双氧水的瓶子。老师说等一下双氧水倒进矿泉水瓶之后，会在碘化钾的催化下，迅速分解成水和氧气，大量的氧气遇到洗洁精，就会产生很多泡沫，所以我们最好站远一点儿，以免被喷溅烫伤。高兴把瓶子放在桌子上，站到一旁，头微微向后仰着，远远地把手臂伸到瓶子那边倒双氧水。我正想嘲笑他夸张的动作，他已经迅速地倒完并跳开了。

紧接着，瓶子里一股白色的“牙膏”冲天而起，喷出半米多高，又落回桌面，好像一大团奶油砸在桌子上。瓶口处白色的“牙膏”源源不断地涌出来，热气腾腾的，在桌子上不断蔓延。看上去还真像是给大象用的牙膏呢！

科学小贴士

碘化钾不仅可以作为食盐的添加剂，在某些地区，服用碘化钾片还能有效预防和治疗地方性甲状腺疾病呢！怎么样，是不是很厉害？

2月14日 星期三
牛奶胶水

午休的时候，米粒很得意地跑过来跟我和高兴说，她能把牛奶变成胶水。

哦，其实我也能把面粉变成胶水，而且据我发现，米饭粒也能当胶水把纸粘在一起。

米粒却说，她做的牛奶胶水很黏，跟化学胶水差不多，可不是面粉熬的糨糊和米饭粒能比的。

好吧，但是我们完全没有看出这么做的意义啊，想用胶水，去买一瓶不就好了？

米粒激动起来，她说：“你们不觉得这个研究很有趣吗？只有目光短浅的人才只看实用价值！”

“好吧，很有趣！”我跟高兴飞快地表示了赞同。从上二年级的时候我们就明白了，决不要跟米粒争论——她总有各种奇怪的道理，最终结果就是你永远不会赢。

米粒满意地点点头，吩咐我们："把你们的牛奶交出来。"

嘿！原来她的最终目的在这儿啊！我倒是很乐意可以趁机不喝牛奶，不过高兴就一脸心疼了。

米粒接过牛奶，拿出一瓶白醋、一包小苏打粉、一个杯子、一把勺子、一个滤网，最夸张的是她居然还掏出了一个电热杯。

喂！你连电热杯都带了，还好意思跟我们说没带牛奶？！

米粒解释说，课间的时候她忽然很饿，就把带的牛奶给喝掉了。但她又理直气壮地说，她是为我们演示这个实验，所以我们贡献点儿牛奶是应该的。

米粒把大约250克牛奶倒进电热杯，一边加热一边搅拌。牛奶快煮沸的时候，她停止了加热，向里面倒了一点儿白醋。

牛奶接触到白醋的部分很快开始凝固，小一点儿的变成了絮状，大一点儿的变成块状。米粒继续一边搅拌一边往牛奶里加醋，直到所有的牛奶都凝固了才停下。牛奶现在变成了两层：上层是透明的液体，米粒说这是乳清；而下层则是一团一团牛奶结成的块状物，看起来像搅过的老酸奶或者豆花。我都听见

高兴咽口水的声音了。

趁着米粒去拿别的东西，高兴赶紧舀了一勺，还分了一点儿给我。我很怀疑地尝了尝，毕竟和米粒有关系的食物，小心点儿总没错。

咦？味道还不错，很像酸奶！我赶紧又舀了一勺，可是还没吃到就被愤怒的米粒抢回去了。

米粒说，这可不是酸奶，还说牛奶里的酪蛋白平时均匀地溶解在水里，就是我们看到的牛奶的样子；一旦加入了酸，酪蛋白就会变性，从水中沉淀出来结成块，虽然味道跟酸奶差不多，但是成分完全不一样，这个叫作酸酪蛋白，据说不好消化，不能多吃。

唉，真可惜，我还打算以后老妈再逼我喝牛奶，就照这样处理一下呢。

米粒拿了一个滤网过滤“牛奶”，把像酸奶一样的酸酪蛋白都滤了出来，看起来很好吃的样子。可惜米粒没再给我们偷吃的机会，她把它们丢回电热杯，又迅速地往里加了两三勺小苏打粉。这下，对着洒满小苏打粉的“酸奶”，就连高兴也下不了嘴了。

米粒这才放心地去接了约120毫升清水，倒进电热杯后开始搅拌。电热杯里咕嘟咕嘟地冒起了很多泡泡，米粒说，这是里面残留的白醋和小苏打粉反应生成的二氧化碳。泡泡停下来之后，好吃的酸酪蛋白不见了，电热杯里变成了浓稠的白色液体，有点儿像乳酸饮料。不过这次高兴可不敢尝了，因为据米粒说，这个就是牛奶胶水。她还拿了两张纸，抹上牛奶胶水演示给我们看。过了一会儿，胶干透了，我扯了扯这两张纸，真的粘得很紧，跟买的胶水差不多。

原来牛奶胶水这么厉害啊！米粒很得意，但是高兴有点儿失落，因为牛奶胶水明显是不能吃的。他期待地问米粒："你能把牛奶再变回来吗？"

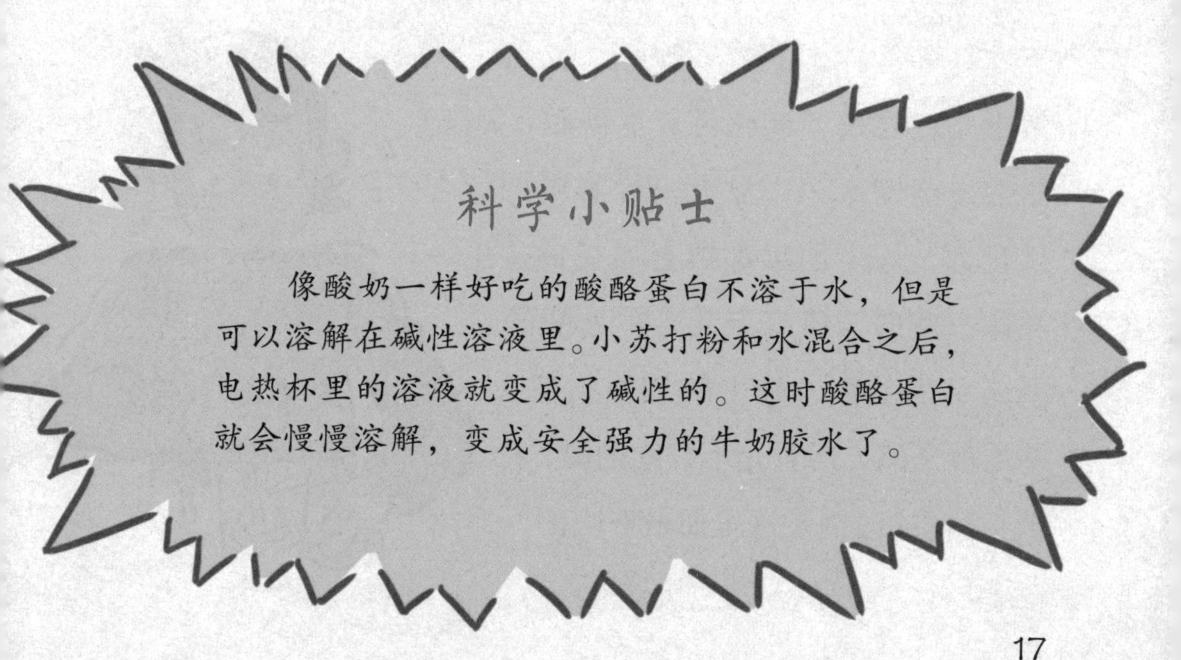

2月19日
星期一
下一场黄金雨

高兴叫我和米粒放学去他家，他说要做一个很好看的东西给我们欣赏。好看？高兴你确定没用错形容词吗？难道不是好吃？我还以为高兴只对能吃的东西感兴趣呢。

直到到了高兴家，我都怀疑他说错了。不过等高兴拿出材料，我马上确定他说的果然不是好吃的：碘化钾、醋酸铅、冰醋酸、蒸馏水……没有一样好吃的。碘化钾，好多国家都把它加在食盐里补碘，咸的，还有点儿苦；冰醋酸就是纯的醋酸，加上蒸馏水，那基本就是醋，而且是不好吃的醋；至于醋酸铅，倒是这里面最好吃的，据说挺甜，不过没人敢吃，因为有毒。不过转念一想，这些不就是咸酸甜三种调味料吗？难道高兴还是打算弄吃的？

高兴的老爸凑了过来，说醋酸铅有毒，他得在旁边看着我们做实验。在他的嘱咐下，高兴戴上橡胶手套和口罩，拿出了两个玻璃杯，称了 0.3 克碘化钾和 0.3 克醋酸铅，分别放在两个杯子里，又往两个杯子里各加了 100 毫升蒸馏水。我赶紧接过盛有碘化钾的杯子开始搅拌——没戴手套，我可不想去碰那个有毒的醋酸铅。我记得化学老师反复强调过，像醋酸铅这样的可溶性物质是有毒的，做实验时一定要做好安全防护，避免与皮肤接触，实验过后的废液要妥善处理。

碘化钾很快就溶解了，溶液很清，可是醋酸铅溶液怎么搅都是乳白色。高兴看到杯底没有残余的醋酸铅，就偷懒不肯再搅了。他把两杯溶液倒在一起，杯子里很快变成了不透明的淡黄色——碘化钾和醋酸铅反应生成了黄色的碘化铅，它的溶解度很低，所以都沉淀下来了，黄黄的，像一杯蛋黄酱。说实话，我觉得这东西跟好看完全无关，不过米粒说以高兴的审美标准，会认为蛋黄酱好看是很正常的。

高兴表示他的审美没问题，是我们品位太差，我们跟他的差距就像钠跟金的金属活泼性差距那么大，而且如果我们再说那杯碘化铅是“蛋黄酱”，那他明天就把“蛋黄酱”放到我们的餐盒里。我和米粒立刻不说话了，我还做了一个在嘴上拉拉链的动作让高兴放心。

开玩笑，碘化铅毒性那么大，跟皮肤接触都有中毒风险，要是真被放到餐盒里，别说吃了，就是倒掉都很麻烦，因为它有毒，不能直接倒进下水道，只能通过过滤和蒸发，把碘化铅粉末收集起来，扔到有毒废弃物垃圾箱里才算安全，真是想想都觉得很累。

高兴端来了一盆热水，水很烫，大概有 80 摄氏度。他把“蛋黄酱”小心地放在热水里，随着杯子里温度的升高，“蛋黄酱”开始变得透明。高兴说碘化铅虽然在冷水里溶解度低，但是易溶于热水，所以温度一高，就开始溶解了。

高兴小心地搅拌着，过了一会儿又往里面加了一点儿冰醋酸，“蛋黄酱”慢慢变清了。高兴把澄清的溶液倒进一个漂亮的玻璃瓶，然后拧亮一盏台灯照在玻璃瓶上，接着关上了房间其他照明设备。

在一片黑暗中的唯一光源下，玻璃瓶中慢慢地出现了一个金色的光点，然后，一点一点的光点次第亮了起来，渐渐地，整个瓶子都闪着金色的光点了。光点在溶液中慢慢地下落，像一场落在瓶中的黄金雨，又像一片金色的星空，漂亮极了。

米粒看得眼睛都不眨了，她问高兴能不能把这瓶黄金雨送给她。高兴为难地表示他也很喜欢，不过如果米粒拿昨天的那种肉干交换的话，他愿意割爱。

看着高兴期待的眼神，我觉得我好像忽然明白了什么。

科学小贴士

虽然语文老师总是说，天上下黄金雨和天上掉馅儿饼一样，都是讽刺那些幻想不劳而获的人的，可是天上真的有可能会下“黄金雨”。据有些资料介绍，按照地球形成的理论，地球上原来的黄金早已沉入地核，无法接近，而人类目前开采到的黄金，正是随着4亿年前一场富含金质的巨大的“流星雨”从天上落下来的。人们于是将这一时期称为黄金雨地质时期。虽然这种说法还没得到科学证实，但是，高兴始终坚信这就是事实。

2月22日 星期四 “防火”手帕

高兴的老爸昨天回来了，给他带了一大堆零食，可是高兴只肯分给我和米粒一点儿，就这一点儿他还一副肉疼的表情，真小气！

我觉得是时候让高兴感受一下分享的快乐了。

午休的时候，我拿着一条处理过的手帕，找到了正在吃零食的高兴。

高兴一脸警惕地看着我，我假装不在意地告诉他，我找到了一条神奇的手帕，这条手帕防火，怎么烧都烧不坏。可是高兴只是扫了手帕一眼就表示不感兴趣，他说这手帕一看就是蘸了水的，湿手帕当然烧不着，而且他居然还补充说，这种把戏连二年级的小孩都骗不了。

嘿！今天就算不是为了零食，我也要让高兴见识一下四年级学生的智商！

我拿出铁丝，把手帕挑起来，拿打火机一点，火苗“呼”的一下就蹿起来了，手帕熊熊燃烧。过了一会儿，火慢慢变小了，我使劲儿一抖，火灭了，而手帕真的一点儿都没烧坏。

高兴坐不住了，他拿过手帕仔细研究，但就是找不到烧过的痕迹。我正打算嘲笑他，高兴好像忽然想到了什么，他凑近手帕仔细地闻了闻，胸有成竹地跟我说，这手帕肯定蘸过酒精。

我不大甘心地想继续挣扎一下，跟他说这确实是一块神奇的防火手帕。再说酒精是易燃的，要是用了，那不等于火上浇油，手帕不得烧得更厉害了吗？而且酒精这种易燃易爆的危险品，咱们还是少碰比较好。

高兴表示要让我心服口服，说完就跑出去找材料了，重点是，他还把零食都带走了！

高兴很快带回了一瓶酒精，他爸爸也跟着来了。本来我对教

会高兴分享这事已经不抱什么希望了，可是看到那瓶酒精，我立刻恢复了信心——大概高兴太想让我心服口服了，他居然找来了浓度为95%的酒精。我开始期待高兴接下来的实验了……

高兴爸爸让高兴戴上了阻燃手套和防护镜，指导他将手帕放在一个金属盘里，再小心地倒上酒精……

果然，高兴的手帕一点火就猛地烧起来了，颜色迅速地由白变黄，由黄变黑，最后在高兴的金属盘里烧成了一团灰。

哈哈！我这才知道高兴爸爸也跟来是为了确保我们的实验能安全进行。

高兴目瞪口呆，一把抓住我逼问原因。我正想诚恳地再次告诉他那真的是条神奇的手帕，高兴“啪”的一下把一包零食拍在我面前。

好吧，既然高兴对这种连二年级小朋友都骗不了的把戏这么感兴趣，我就说实话吧：我那条手帕烧不坏确实是因为蘸了酒精，不过酒精的浓度很关键，只有浓度为60%左右的酒精才能成功。因为酒精在燃烧的时候会产生水和二氧化碳，同时放出热量；而水、酒精的蒸发汽化以及水蒸气的升温，又会吸收大量的热量。所以如果酒精浓度合适，点燃后吸收的热量和放出的热量差不多，那手帕的温度就没法升太高，达不到燃点，自然就烧不坏了。但是如果酒精太浓，含水太少，温度上升太快，手帕就会真正烧起来；而酒精太稀、水太多的话，那就点不着火了。

怎么样，很简单吧？简单得叫我都有点儿不好意思用来换高兴的零食了，嘿嘿！

科学小贴士

酒精的浓度可是很关键的！就拿消毒来说吧，可不是浓度越高，消毒效果就越好。实际上，浓度为95%的酒精由于浓度太高，反而导致细菌表面形成了一层保护膜，消毒效果大打折扣，还不如浓度为70%—75%的酒精有效呢！

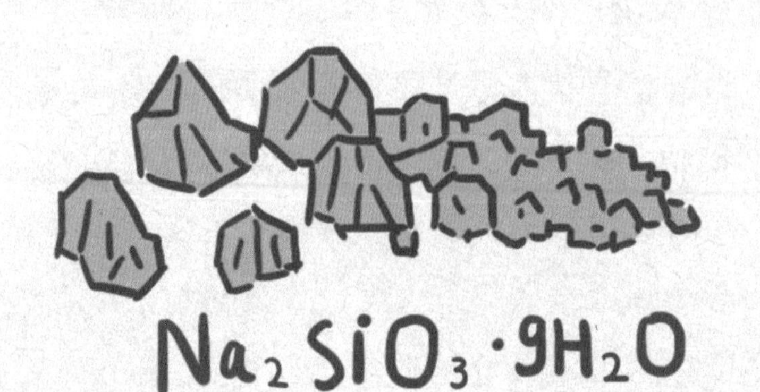

2月25日 星期日 水中花园

今天是周末，而且是那种特别不适宜写作业的好天气。可惜我们的米粒同学偏偏在今天发烧了。唉，她要是前天发烧，就不会耽误今天出去玩，可惜……我想米粒一定也很懊恼。所以我跟高兴决定去探望她，送她一个小礼物，让她开心一点儿。

可是送什么礼物呢？我的提议是送花，可是高兴鄙视了我，他说这么土的想法果然像我的一贯风格。所以我决定不告诉他，我要送的其实是水中花园的花。

我抱着一个圆圆的装着大半缸“水”的小鱼缸，来到了米粒家。高兴一路上都在好奇地打量这个鱼缸，可我才不会告诉他里面装

的是硅酸钠溶液呢。

米粒看到鱼缸也很惊讶，不过她还是礼貌地感谢我们送了她这么特别的礼物。我跟她说别勉强，要是我收到这么个鱼缸，一定不会有心情感谢的。不过，重点提示：我送的不是鱼缸，是花园！

我拿了一些细沙撒到鱼缸底部，又扔进几块漂亮的石头作为假山。然后我又掏出了几个小瓶子，里面分别装着硫酸铜、氯化钴、氯化钙、氯化铁和硫酸镍的晶体。这就是我的花种啦。

我问米粒喜欢什么颜色的花，米粒说蓝色比较好。于是我拿出镊子，夹起几块硫酸铜晶体丢进了鱼缸。神奇的事情出现了：蓝色的晶体在水中缓慢生出了小芽，小芽又长成枝条，5分钟后，细沙中已经长出了一株粗具规模的蓝色植物。

高兴不可思议地拿起小瓶，标签上明明写的是硫酸铜，可是硫酸铜不是一种无机物吗？怎么会像植物一样生长呢？

其实原理很简单，硫酸铜跟硅酸钠反应，生成了硅酸铜。而硅酸铜不溶于水，所以在晶体表面形成了一层薄膜，像个罩

子一样把晶体跟硅酸钠溶液隔开了。

可万能的水是能透过这个“罩子”的，所以薄膜外面的水不断地渗透到薄膜里面，就好像在吹一个气球。而“气球”的顶部水压最小，最薄弱，所以很容易就被撑破了，上面的硫酸铜晶体就会趁机跑出去，但是一跑出薄膜就被硅酸钠抓到了，然后再反应形成新的硅酸铜薄膜。这样周而复始，晶体就好像植物一样在生长，其实长出来的都是硅酸铜。

高兴表示这个想法倒是有那么点儿创意，不过最后还是落入了送花的俗套。而米粒则好奇地拿起瓶子，想抓点儿其他颜色的晶体种上。我赶紧把镊子和保护手套递过去——这些晶体虽然颜色好看，但有些可是有毒、有腐蚀性的，虽然量不大，不会很危险，但还是小心点儿好！

米粒把每种颜色的晶体都扔进去几颗：红色的是氯化钴、白色的是氯化钙、黄色的是氯化铁、绿色的是硫酸镍，而蓝色的就是我刚才扔进去的硫酸铜啦。这些晶体“植物”有的长得快、有的长得慢，有的细、有的粗，有的“树枝”多、有的“树枝”少，形态各异，不到40分钟就长成了一个美丽的小花园。

米粒很喜欢这个水中花园，她扣下了我的所有材料，说要多做几个来欣赏。

好吧，我很高兴我这个“俗套”的礼物会有人喜欢，哼哼！

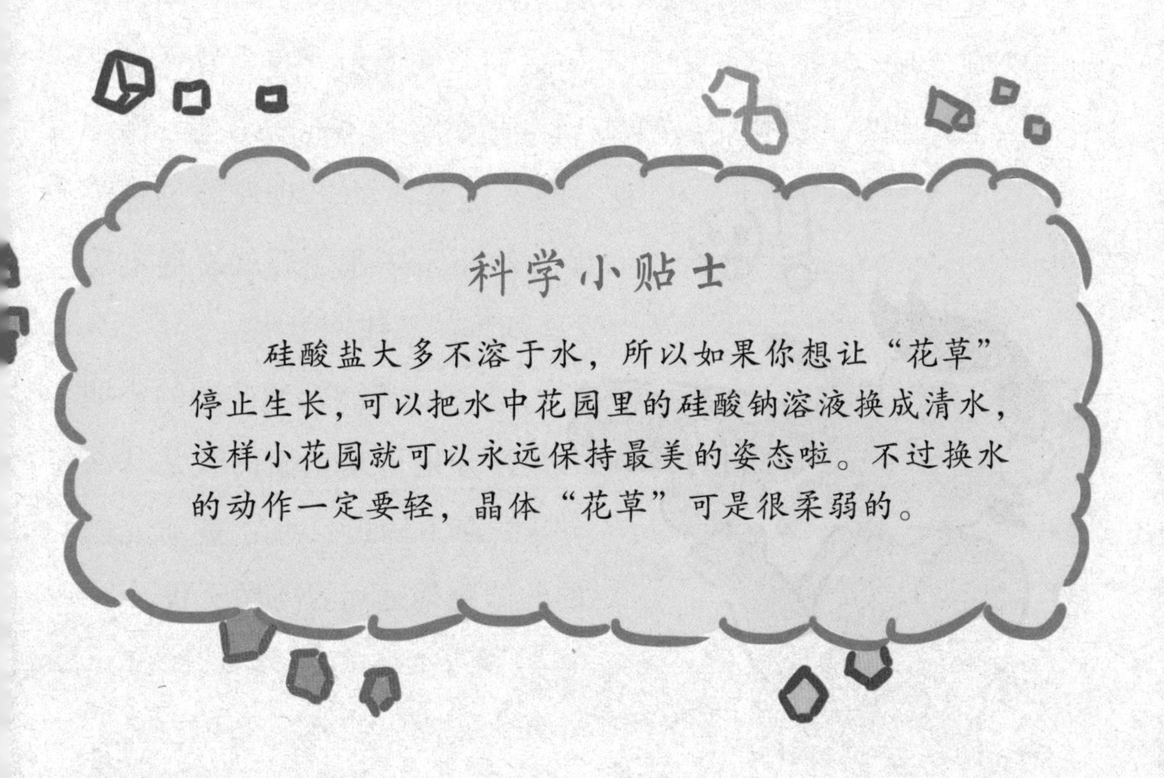

科学小贴士

硅酸盐大多不溶于水，所以如果你想让“花草”停止生长，可以把水中花园里的硅酸钠溶液换成清水，这样小花园就可以永远保持最美的姿态啦。不过换水的动作一定要轻，晶体“花草”可是很柔弱的。

5月28日 星期一 可乐喷泉

我拿起一根针，狠狠地朝一颗曼妥思薄荷糖扎下去，针带着线穿过了薄荷糖。我把针取下来，再把线紧贴着糖打了一个结，糖就拴在了线上。好了，我的秘密武器做好了，高兴，你等着瞧吧！

这事得从今天下了体育课说起。那会儿我特别渴，刚打算去买瓶水喝，高兴就把一瓶可乐递到了我面前。我当时还觉得高兴真贴心呢，结果一拧开瓶盖，可乐嗞的一下喷出来，洒了我一身。这真不能怨我没警惕性，我以为幼儿园毕业之后就再遇不着这么幼稚的恶作剧了呢。

“幼儿园？幼儿园的小朋友知道可乐里面的气是什么吗？谁不知道，谁才是幼儿园的。”跑得远远的高兴反驳。

可乐里面的气？我当然知道，不就是二氧化碳吗！我不但知道这个，我还知道二氧化碳跟糖不一样，糖溶解到水里还是糖，可是二氧化碳溶解到水里之后，其中一小部分就跟水反应，变成了碳酸。没错，可乐之所以被称为碳酸饮料就是因为这个。

为了让可乐里的气更足、更够味，生产的时候会提高气压，这样就会有更多的二氧化碳溶解进去。不过这种溶解是不稳定的，瓶盖一打开，瓶内气压下降了，二氧化碳就会欢快地从可乐里跑出去。正常状态下，二氧化碳的逃跑速度可不算快，要想让可乐喷出来，得想办法让它跑得非常欢快、超级欢快才行。

让二氧化碳跑得更欢快，摇晃是一个办法，但是用这个办法，我不就和高兴是一个层次了吗？我得让他见识一下四年级学生和幼儿园小朋友的区别。再说晃过的可乐里面会呈现泡沫，高兴现在警惕性肯定很高，泡沫什么的太明显了。

最后，我决定用曼妥思薄荷糖作为我的秘密武器。曼妥思薄荷糖之所以能让二氧化碳跑得更快，关键不在于它是曼妥思牌，也不在于它是薄荷糖，而在于它的粗糙表面。二氧化碳

这家伙有点儿懒，要逃跑得先在水里变成气泡，这个大概比较费劲儿，所以拖拖拉拉的，半天才跑完。但是曼妥思薄荷糖粗糙的表面相当于给气泡提供了大量的凝结核，这样气泡形成可就容易多啦，懒惰的二氧化碳就会趁机迅速地变成气泡，然后非常欢快地跑起来，可乐就喷出来啦。

我拿出高兴课桌里的另一瓶可乐，拧开瓶盖，把拴着线的曼妥思薄荷糖放进瓶盖里，线的两端放在瓶子外面拉直，然后把瓶盖拧紧，依靠瓶盖和瓶口的咬合作用，利用线把曼妥思薄荷糖吊在瓶口，最后把露在瓶盖外面的线剪掉。好了，一个完美的陷阱做好了。

高兴探头探脑地回来了，我朝他挥挥手，表示我并不介意。

高兴狐疑地走回了座位，拿出那瓶可乐。可是他看看我，又把可乐放下了，还得意地朝我笑了笑，表示他才不会跟我一样容易上当呢。

高兴把可乐静置了好一会儿才放心地拿起来。他拧开瓶盖，一瞬间我似乎听到了曼妥思薄荷糖掉进可乐里的声音。接着，可乐猛地喷发出来，像喷泉一样。高兴惊慌失措地想把瓶盖盖上，可是他早已经阻止不了欢快的二氧化碳了，可乐不停地喷涌出来，喷到他身上，流到课桌上，弄得到处都是，最后他只好拿着可乐远远跑开了。

高兴愤怒地看着我，而我早跑到教室门外了，我大笑着跟他说："你知道可乐喷泉的原理吗？"哈哈！

这次恶作剧被老师狠狠批评了，唉！看来以后玩笑不能开得太过啊！

科学小贴士

不只是曼妥思薄荷糖，其他的像食盐啊，方糖啊，都可以用来做可乐喷泉，因为它们的表面都很粗糙，都可以帮助二氧化碳跑得超级欢快。不过曼妥思薄荷糖用来恶作剧是最合适的——体积小，易隐蔽，效果好！但是，我也要提醒大家一下，这样的恶作剧确实不宜多搞，造成浪费不说，打扫起来也很麻烦，更重要的是，还会挨老师、老爸和老妈的批评呢！

别问我是怎么知道的！

6月22日 星期五 冰魔法

天真热啊！高兴一直感叹自己要是会冰魔法就好了，挥挥手变出一片冰雪天地，立马就能凉快下来。我嘲笑他如今科学都这么发达了，居然还迷信魔法，那些都是骗人的。真正靠谱的是中国功夫里的一种内功——寒冰掌，片刻就可以让水结成冰。

可高兴居然不同意我的观点，于是我们去找米粒评判。没想到米粒的回答更出人意料，她竟然说，不就是把水变成冰吗？这么简单的事，她就会。

什么？！

放学后我俩硬是跟着米粒去了她家。米粒跑进她的卧室关上门，叫我们不要进去，说她要跟冰元素的精灵沟通，不能被打搅，不然冰魔法就施展不出来了。

高兴开心了，他说：“嘿！米粒刚才

说的是冰魔法，说明她支持的也是冰魔法。”

喂！结论下得太早了吧，冰魔法到底有没有先不说，就算有，你觉得米粒真的会吗？我觉得她唯一可能会的魔法只能是黑暗料理——她做的东西那么难吃，一定跟魔法有关系！

过了一小会儿，米粒拎着一瓶水出来了，我们眼巴巴地等着看她把水变成冰，结果没想到她把水放冰箱里了……

冰箱……

我和高兴都不知道该说什么了，用冰箱变水为冰我们也会，而且还不用跟什么奇怪的冰元素精灵沟通。

米粒解释说那瓶是热水，她的魔法等级不高，只能把凉水变成冰，放冰箱里只是为了凉得快一点儿。而且，重点是，她放的是冷藏而不是冷冻，冷藏室是不会结冰的！

我和高兴抱着看米粒笑话的想法等了 15 分钟。米粒打开冰箱，拿出那瓶水，确实没有结冰。

米粒又拿出了一个小塑料盒子，把水倒进去，然后郑重地告诉我们，她要施展魔法了。只见米粒伸出食指，在盒中水面上点了一下，难以

置信的事发生了——被点的地方迅速结了冰，而且以肉眼可见的速度飞快地蔓延开，很快一整盒水就都变成了冰块。

我简直不敢相信自己的眼睛，高兴已经开始欢呼冰魔法理论的胜利了。我伸手摸了摸。咦！冰块竟然是热的？

不对！这不是冰！

在我和高兴的逼问下，米粒终于承认这个“冰”其实是醋酸钠的结晶。

因为醋酸钠在热水里溶解的量比冷水里多得多，于是米粒先配了一瓶热的饱和醋酸钠溶液，放进冰箱后，溶液迅速冷却，这样醋酸钠就溶解不了这么多了。溶解不了的醋酸钠本应该被水吐出来，就像沏糖水时，糖放多了会化不掉沉在下面一样。可是醋酸钠想要结晶出来需要晶核，而晶核的形成又比较麻烦，所以“嫌麻烦”的醋酸钠就继续溶解在水里，成了处于介稳状态的过饱和溶液。米粒点水面的动作打破了平衡，过饱和溶液开始结晶，不但自己结晶，还拖走一部分水，跟它一起形成了三水合醋酸钠的结晶。水被拖走变少之后，溶解不了的醋酸钠就更多了，这样循环下来，整盒溶液就都变成了结晶。

结晶看起来像是冰，其实完全不一样。而且醋酸钠的结晶过程可是伴随着放热的，热到可以做成热水袋用，所以，想让它像冰一样降温是根本不可能的啦。

唉，看来指望米粒的冰魔法度过这个夏天是没希望了，我还是研究一下咱中国功夫吧。

科学小贴士

米粒一开始躲进卧室，其实就是偷偷地去配热的醋酸钠饱和溶液了。方法很简单：先把蒸馏水加热到60摄氏度左右；保持这个温度，边倒无水醋酸钠边搅拌，直到有少量的醋酸钠不能溶解为止；然后继续加热一下溶液，让没溶解的醋酸钠全部溶解掉就行了。怎么样，很简单吧？只要有蒸馏水和醋酸钠，你就可以成为“冰魔法师”。

7月14日 星期六
好吃的电池

在野外露营，晚上黑得伸手不见五指，可偏偏就在今天，手电筒居然没电了。糟糕！这样我就没办法判断高兴会不会偷吃我的零食了。高兴居然说他也有同样的担心。因此我们决定，要想办法弄些电来！

看到高兴急得满头大汗，我突然有了个主意："我们可以用身体的热量发电！据说美国有一家电话公司设计建造的一座办公大楼，就是利用一种能量收集置换装置，把大楼里3000多名员工身体散发的热量收集起来变成电能。这样一来，大楼照明、用电脑和用空调就都有着落了。"

高兴也觉得用身体发电这个想法挺不错。但现在有一个问题需要解决，就是怎么制作那个收集置换能量的装置。总不能立马去跟那家电话公司借吧？幸好，高兴马上又提供了另一种方案，他说他能用水果发电！

高兴从包里翻出一个橙子和搭帐篷剩下的镀锌的螺丝钉，又让我把开自家门的铜钥匙交了出来，还叫我把铜钥匙和螺丝钉平行插进橙子。他则拧下手电筒里的小灯泡，用小灯泡的侧边和底部分别接触铜钥匙和螺丝钉暴露在空气中的部分。哇哦！小灯泡真的亮了！原来，一个橙子在高兴眼里除了是好吃的水果，还可以是一种电解液啊！在“橙子电解液”里放入两种活性不同的金属，一个水果电池就做成了！

有了这盏橙子香味的小灯，我和高兴再也不用担心在夜晚摸黑看守自己的零食了。高兴突发奇想，问我想不想

尝尝被电的滋味。我有点儿蒙，高兴趁机把刚才用到的铜钥匙和镀锌的螺丝钉的一端同时放到我的舌头上。没什么特别嘛，难道被电就是这种没有感觉的感觉？高兴“嘿嘿”一声坏笑，把铜钥匙和镀锌的螺丝钉从橙子里拔出来，让它们的一端互相接触，再把另一端放到我的舌头上。天哪！好苦！我被电到了！

原来，我嘴里的唾液就像橙子里的汁液一样，也是一种电解液，电流刺激味蕾，那味道苦涩至极啊！

我可没打算整夜用舌头来点亮小灯泡，所以，铜钥匙和螺丝钉又插到了橙子上。看到千疮百孔的橙子，高兴开始心疼那些白白流掉的汁液了……

不过，大家可千万别像我一样用舌头尝试被电的滋味啊，我也是事后被爸爸妈妈批评了才知道这样做的危险性。唉！再也不干这种自讨“苦”吃的事了。

科学小贴士

虽然我确信刚才的电击不会让我成为蜘蛛侠或者超人，但在玛丽·雪莱的小说《弗兰肯斯坦》中，那个力大无穷的人形怪物就是在电击中诞生的。据说玛丽·雪莱的创作灵感，竟然来自一个青蛙电击实验。1780 年，意大利科学家伽伐尼发现，在解剖青蛙时，即便是对一只死去的青蛙，如果用两个不同的金属器械同时触碰它的腿，这条腿的肌肉还是会抽搐一下，就像受到了电流刺激一样。伽伐尼认为，出现这种现象的原因是动物身体内部产生的“生物电”。但目前看来这种观点并不正确，青蛙腿的肌肉之所以能产生电流，实际上是因为肌肉中的液体起到了电解液的作用。

7月25日 星期三 龙井肥皂

今天好热，我正在“吹空调睡觉”和“吹空调看动画片”这两个计划中痛苦地选择着，高兴来电话了，叫我去他家帮忙。我告诉他恐怕不行，我今天已经有两个计划了。但是高兴说要给他爷爷准备生日礼物，再晚就来不及了。

好吧，我义无反顾地冲出家门。可是路上我才忽然想起来：高兴爷爷不是冬天才过生日吗？

等到了高兴家，只见米粒正在那儿忙着泡茶呢，而高兴则夸张地全副武装：戴着护目镜和橡胶手套，旁边还备着几副口罩，看着都替他热。可是高兴说今天要用到氢氧化钠，强碱的高腐蚀性可不是闹着玩的，会烧伤皮肤，留下可怕的伤疤。话音刚落，高兴的老爸走了过来，递给我们两副护目镜和两副手套，米粒立刻戴上了。

好吧，这么可怕，那我也戴上吧。可是，不是要准备生日礼物吗？弄这么可怕的东西干吗？

高兴问我知不知道氢氧化钠跟油脂反应会生成高级脂肪酸的钠盐和甘油。

高级脂肪酸的钠盐？那是什么东西？

高兴鄙视地看了我一眼，告诉我高级脂肪酸的钠盐是肥皂的主要成分，而前面提到的反应就是做肥皂过程中会出现的反应，所以叫作皂化反应。高兴又说他爷爷最喜欢喝龙井茶，所以他打算做几块龙井茶香味的肥皂送给爷爷当生日礼物。

哦，怪不得米粒在泡茶呢！我过去看了看她泡好的茶……可真浓啊，一壶茶估计半壶都是茶叶，香是香，但喝起来肯定超苦。不愧是米粒，泡茶都能泡出咖啡口感。

米粒没理我，她正忙着把茶水滤出来。她先量了 180 克茶水倒在杯子里，又小心地称了 53 克氢氧化钠，然后端起茶水准备倒进氢氧化钠。

一直在旁边看着我们做实验的高兴老爸赶紧上前阻止了她。因为氢氧化钠遇水会释放大量的热，很危险！而且必须是将氢氧化钠往水里倒，顺序可不能错。

然后“没常识”的米粒就被

打发和我一起旁观了，高兴说等一下有适合我们的不用脑子的体力活儿。哼！

高兴戴上口罩，非常缓慢地把氢氧化钠倒进茶水里，同时搅拌均匀，做成溶液。然后他又倒了 458 克橄榄油到锅里，把油加热到 40 摄氏度左右。

高兴拿起氢氧化钠溶液，慢慢倒入加热后的橄榄油中，边倒边小心地搅拌。倒完之后，他又继续搅拌了大概半个小时，才把锅和搅拌器递给我，说要多搅拌一会儿，橄榄油和氢氧化钠才能充分反应。

我发誓，如果早知道这个“多”指的是 6 个小时，我当时一定不会接下那个锅！最后我的肩膀都搅酸了，皂液才变成那种黏稠的、划一道痕迹不会立即消失的糨糊状态。

高兴拿出一个树叶形状的模具，把皂液倒进去，然后放进保温箱，盖上厚毛巾，他说要通过保温，皂化反应才能充分进行，要是在冬天的话，还得通电保温呢。

唉，我已经没精力去关心什么保温箱了，酸痛的肩膀只想好好拥抱我的床。

高兴终于良心发现，放我们回去了。他说要过好几天才能把肥皂从模具里取出来，取出之后还要再放两三个月，肥皂才能成熟。这么麻烦？怪不得他要提前那么久做生日礼物。

临走时，高兴兴致勃勃地建议，下次一起来做巧克力肥皂。好的！等我一到家就写张明信片寄给他，通知他童晓童已经出门旅游了，这个月……不，整个暑假都不会再回来了！

科学小贴士

所谓肥皂的成熟，其实就是要等肥皂里面的氢氧化钠完全反应掉，不然氢氧化钠成分残留太多的话，是会损伤皮肤的。所以为了保险起见，肥皂使用前可以用 pH 试纸测一下，pH 值在 7 到 8 之间就可以使用啦！

8 月 30 日
星期四
肥皂蜡烛

今天是个忧伤的日子。别问我为什么，要开学的人都懂！

我总觉得暑假并没有结束，说不定这只是个梦。闭上眼睛，一觉醒来或许会发现暑假才刚刚开始。

可是我妈显然不能理解这种情绪，她把缩进被窝打算继续睡觉的我拎起来，吩咐我把家里的洗手池清理一下，还美其名曰：锻炼我面对现实的勇气。

好吧，如果现实就是布满污渍和黏糊糊的肥皂液的洗手池，那么上学倒也没有那么糟糕了。

所以当高兴和米粒来找我的时候，我正捧着一堆清理出来的肥皂头打算丢掉。作为两个环保主义者，他俩立刻开始批评我，说我这是浪费行为。

高兴还说，我应该想办法把这些肥皂头再利用起来，比如说制成肥皂水吹泡泡什么的。

吹泡泡……作为一个四年级的少年，难道不觉得这行为有点儿幼稚吗？再说吹泡泡才能用多少肥皂，就算一天8个小时不间断地吹，我手里这些肥皂头也足够吹到中秋节了。

对此高兴表示很遗憾，说如果我手里的是食物，他可以保证绝对不浪费！但是肥皂显然不能吃，就算能吃他也不吃。

一直沉思的米粒发话了，说她想到了一个好办法：可以把这些肥皂头做成蜡烛。

听起来好像很有趣，果然只要不涉及做饭的领域，米粒还是很靠谱的！

我们先用小刀把这些肥皂头弄得很碎，然后放进一个小盆里。米粒往盆里倒了点儿开水，让高兴把肥皂碎块搅拌到完全溶解。然后吩咐我去找柠檬酸，还说，没有柠檬酸，榨点儿柠檬汁也行。开玩笑！作为一个化学达人，我怎么可能没有柠檬酸？

米粒称出20克柠檬酸放进杯子，又向杯里倒了180克水，搅拌一下，10%的柠檬酸溶液就配好了。

这时候高兴的肥皂液也搅拌好了，看上去稠稠的、黏糊糊的，高兴说像果冻。

好吧，吃货的眼里看到的总是食物，

我明白。

等肥皂液冷却之后，米粒把柠檬酸溶液倒了进去，稍微搅拌了一下。原来均匀黏稠的“果冻”很快变成了一团一团的像肥皂渣一样的东西，小盆里明显分成了固体和液体两种形态。

我拿来了纱布，把固体过滤出来，然后把它倒进了瓷碗。瓷碗里白色的肥皂渣微微泛黄，黏黏的，一团一团的，高兴咽了下口水说，好像土豆泥啊……我看了看表，果然午饭时间快到了……

米粒把瓷碗放进微波炉，加热了大概 1 分钟，再拿出来的时候，“土豆泥”已经完全融化了，变成了橙黄色的黏稠液体，按高兴的说法就是“橙汁”。米粒把几段棉线泡到“橙汁”里，准备做蜡烛芯。

接下来就要把“橙汁”倒到模具里定型了。米粒一个劲儿撺掇我把我妈烤蛋糕的模具拿过来做星形的蜡烛，但我觉得我要真的这么干了，以后的蛋糕估计都不会有我的份儿了。所以在米粒的抱怨声中，我坚定地只拿来了几个纸杯。

我们用牙签把蜡烛芯固定在纸杯中央，再把“橙汁”缓缓地倒进去。等到“橙汁”冷却变成白白的固体之后，蜡烛就算做好了。

说实话，我和高兴都很怀疑这种蜡烛能不能点着，所以就试着点了一根。事实证明，虽然火苗有点儿小，可是橘黄色的小火苗一直很稳定地燃烧着，还挺有意思的。

好吧，我要收回我之前说过的话：就算生活是布满污渍和肥皂液的洗手池，只要想办法，也可以变得很有趣！

科学小贴士

肥皂蜡烛和从商店买来的蜡烛，它们的主要成分可是不一样的。自制的肥皂蜡烛的主要成分是硬脂酸，是由肥皂中的硬脂酸钠和柠檬酸反应生成的；而买来的蜡烛大多是由石蜡制成的。

高兴最近很郁闷——他上周玩火被班主任抓了现行。

当时高兴还试图说服班主任，说自己其实在做化学实验，燃烧只不过是化学反应常见的伴随现象。他还说，火确实有点儿危险，但我们应该有为科学献身的精神，对不对？

班主任一边拨拉小火堆里半熟的烤土豆，一边“感动”地表示，他很欣赏高兴的这种献身精神，因此这周他带的两个班的黑板都请高兴擦了。

“哈哈，刚才隔壁班的家伙还过来问你为啥不去擦……”今天课间休息时，我话还没说完，高兴马上转过头瞪着我。他的样子简直像一块白磷，不用点火就能着。

机智的米粒赶紧过来救我：“嘿，你们要不要试试做人造火山？不过有点儿麻烦。”

“我不怕麻烦！”我可不想跟一块随时能自燃的白磷单独待在一起！

按照米粒同学的指示，她亲自带领高兴挖坑，我负责弄材料——铁屑和硫黄。

当我和实验室老师一起带着材料回来时，高兴和米粒顿时睁大了眼睛，我觉得要是不说点儿什么，他俩就会立刻跳进刚挖好的坑里。

“实验室老师说这个有点儿危险，要是不让他跟来，他就不给我材料。”我又补充道，“他保证不告诉咱班主任！”——他俩这才松了口气。

老师拿出手套叫我们戴上，嘱咐我们当心被铁屑划伤或接触硫黄中毒。

我们小心翼翼地把铁屑和硫黄倒进坑里，用树枝搅匀，加上点儿水，再把土弄湿，堆在上面形成一个小土丘。

然后，我们就开始等了。

老师有事要先回实验室，临走前再三叮嘱我们不要太靠近土丘——我感觉除非把“火山”和我们仨都打包带走他才会放心。

我正奇怪土丘能有什么危险，忽然“哧”的一声，土丘上猛地喷射出了一缕蒸气，接着“哧哧哧”几声，更多的蒸气喷射出来，土丘很快就裂开了，周围的地面也开始震动起来，甚至偶尔还有火焰从缝隙中冒出来。

“成功了！”我和米粒欢呼着，围着“火山”摆出了霸王龙的造型，让高兴拍照。

“幼稚！”高兴酷酷地说，“早知道能成功，应该埋点儿土豆进去的。”

嘿！他还惦记着吃呢！

“这可不行。硫黄就算毒性不大，熏出来的土豆你敢吃吗？”身后一个声音轻快地说。

“毒性不大可以少吃点儿……”高兴边回答边转过头去，“老……老师！”

“快跑！”我大喊一声，拔腿狂奔。远远地，我和米粒看见高兴又被班主任抓住了。

哈哈，这次高兴要擦多久的黑板呢？

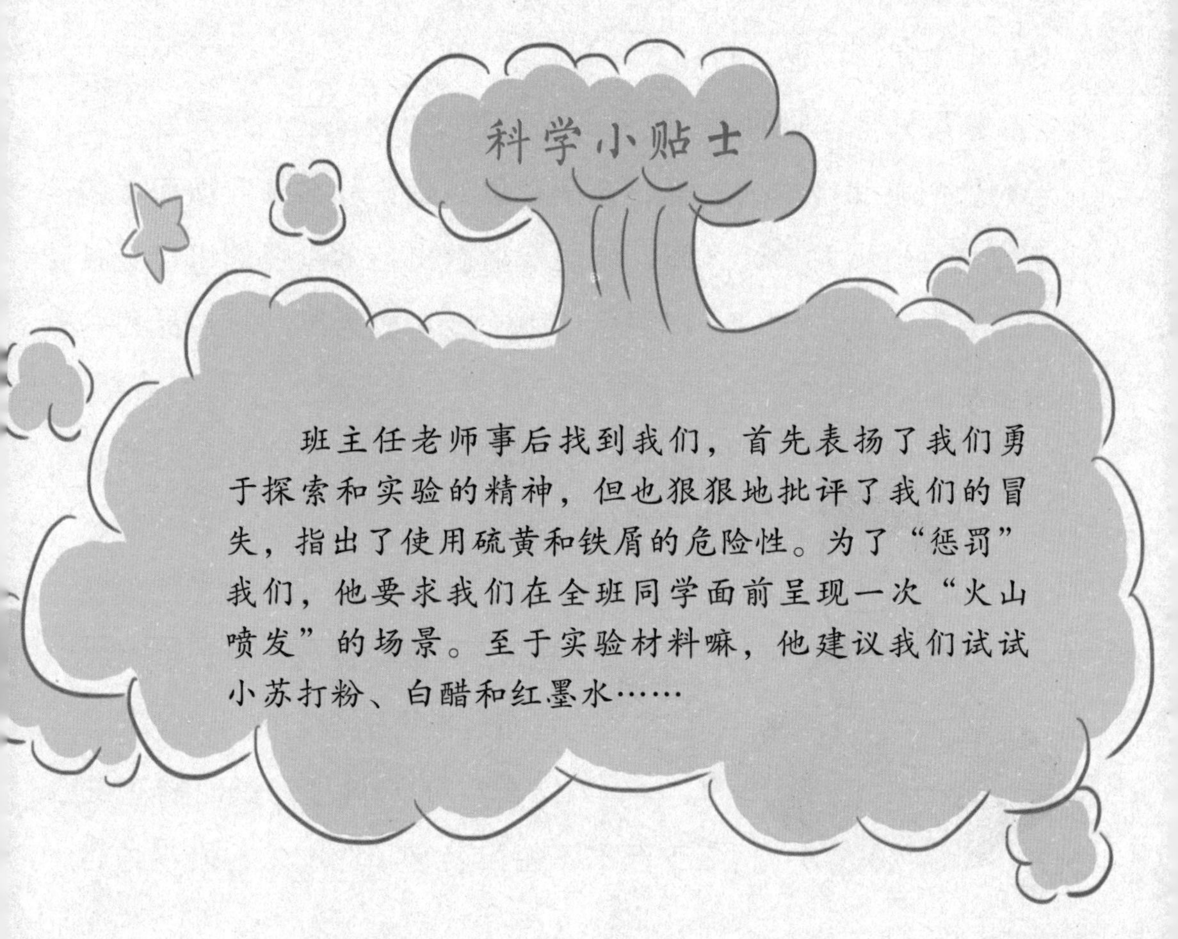

科学小贴士

班主任老师事后找到我们，首先表扬了我们勇于探索和实验的精神，但也狠狠地批评了我们的冒失，指出了使用硫黄和铁屑的危险性。为了“惩罚”我们，他要求我们在全班同学面前呈现一次“火山喷发”的场景。至于实验材料嘛，他建议我们试试小苏打粉、白醋和红墨水……

10月7日 星期日 蓝莓珍珠

在我看来，米粒是个好姑娘，聪明、爽快、做事有条理，还有好多很棒的想法。可是她也有一个很要命的缺点——爱做菜！做完还非得逼着我和高兴吃！

如果只是普通的菜，我和高兴当然没什么意见，可问题是，米粒做的菜和她的人一样，充满奇思妙想：什么茶叶炒面、橘子炒豌豆、火龙果炖火腿，她居然能做出各种奇怪的组合。我和高兴每吃过一次后，都更坚信她一定会成为黑暗料理界的一朵奇葩。

这不，我和高兴一大早又被米粒召唤到她家“尝鲜”了。

米粒拿出了一碗榨好的蓝莓汁、一罐褐藻胶、一罐钙质粉，宣布这次要请我们吃分子料理。什么？分子料理？黑暗料理终于混不下去换名字了吗？米粒鄙视地告诉我俩，分子料理是从根本上改变食材的分子结构，重新组合，从分子的角度来制作食物的创新之作。

我和高兴更担心了：以前难吃归难吃，但是橘子总还是橘子；这个分子料理直接改变分子结构，谁知道橘子会被做成什么奇怪的物种。

米粒倒了大约 1.6 克褐藻胶到蓝莓汁中，又把 6.8 克钙质粉倒进了 1 升纯净水里，让我们帮她搅拌均匀。

我一个箭步冲上去，抢到了盛钙质粉的碗。拌匀褐藻胶可是个麻烦活儿，这个任务就留给还没反应过来的高兴吧。

果然，等我搅拌好“钙水”窝在沙发上看电视的时候，高兴还在那边拿着打蛋器跟褐藻胶搏斗呢。唉，可怜的高兴，褐藻胶是高分子化合物，书上说，这类物质的性质决定了就算你把它搅拌得很分散、很均匀，它也需要一定时间先溶胀，然后才能溶解。看来老爸平常总教育我多读书还是有道理的，不然现在累得满头大汗的可能就是我了。

最后借助电动打蛋器的帮忙，高兴才完成了这项工作。我

们又等了两个多小时，蓝莓汁里的泡沫才散完。散完泡沫的蓝莓汁凝固后，软软滑滑的，看起来就像一碗好吃的果冻。如果今天的试吃品是这个，我一定不介意多吃几碗。

米粒稍微搅了搅“蓝莓果冻”，果冻就又变成了蓝莓汁。接着她拿出滴管，吸取蓝莓汁往“钙水”里面滴。

当蓝莓汁滴进“钙水”之后，奇怪的事情发生了：蓝莓汁既没有漂在水面上，也没有在水里散开，而是保持着刚滴进去的样子，变成了一颗颗红色的半透明的小珍珠。米粒说，这是因为褐藻胶中的海藻酸钠与“钙水”中的氯化钙反应，产生了不溶于水的海藻酸钙。海藻酸钙像一层膜包裹着蓝莓汁，所以看起来就像小珍珠的样子。不过泡的时间不能长，最多一分钟，不然产生的海藻酸钙多了，珍珠就会变硬，不好吃了。

米粒把小珍珠捞出来，放进一个盛着纯净水的碗里，洗掉小珍珠表面苦涩的“钙水”，然后分给我和高兴吃。她很期待地看着我们，等着我们评价。

唔，怎么说呢，这些小珍珠放进嘴巴里，一咬就会像鱼子酱一样噗地炸开，爆出酸酸甜甜的果汁，好吃又有趣。我只能说，不愧是分子料理，果然从根本上改变了米粒只会做黑暗料理的事实！

科学小贴士

“蓝莓果冻”被米粒一搅动就又变成了蓝莓汁，这叫作高分子的触变性。简单地说，就是高分子物质被搅动的时候，稠度会发生变化。搅动的时候是果汁，静止状态又变回了“果冻”。要知道，蓝莓汁搅拌到这个状态最好吃了！

10月12日 星期五 黄瓜汽水

高兴最近挺郁闷，因为他老妈看了个电视节目，上面说碳酸饮料除了含点儿糖分，几乎什么营养都没有，于是高兴就被禁止喝汽水了。唉，专家早就说过应该少看电视，这些大人就是不听！

昨天一整天高兴看上去都没什么精神，就像一棵刚淋完酸雨的白菜，蔫蔫的，十分可怜。我想米粒一定也有同样的感受，所以她今天一大早就跑来宣布要给高兴制作有营养的碳酸饮料。当时高兴的眼睛“唰”的一下就亮了，弄得我都不忍心提醒他，千万别忘了米粒可是黑暗料理界的一颗新星啊。

米粒说，碳酸饮料之所以没营养，是因为饮料本身是用各种没营养的添加剂兑成的，所以她提议，我们应该改用有营养的原料制作。有营养的原料？我有种不祥的预感。

果然，只见米粒掏出了一瓶灰绿色的液体，说这是她老妈今天给她准备的黄瓜汁，绝对有很多营养。

黄瓜汁！我看了看高兴，他居然还是一副很期待的样子，他究竟是有多想喝汽水啊！

至于碳酸饮料里最关键的二氧化碳，米粒说用小苏打和柠檬酸反应，就可以产生二氧化碳，所以我们可以找个可乐瓶，先把黄瓜汁和小苏打倒进去晃匀，再倒进柠檬酸，然后迅速把瓶盖拧紧，这样产生的二氧化碳就跑不出来了。

不错，除了那瓶神奇的黄瓜汁，这个计划听上去都很完美。

米粒拿出了一个 500 毫升的可乐瓶，把黄瓜汁倒进去，又加了一些凉开水，在高兴的强烈要求下，还加了很多糖。然后她又放进去 3 克小苏打。高兴一直要求多加一点儿，说二氧化碳多多的，汽水才够味。可是米粒不肯，说加太多的话，产生过量的二氧化碳，说不定会炸裂瓶子，那黄瓜汁就浪费了。高兴却说，为了能做出够味道的汽水，浪费点儿黄瓜汁怕什么！

等到该放柠檬酸的时候，

米粒却说，她忘带了，要不用醋代替吧，醋也能反应生成二氧化碳，跟柠檬酸一样。

喂，口感完全不一样好吗！照她这么说，碳酸钙也能反应生成二氧化碳，下次干脆丢点儿鸡蛋壳进去得了，还能省下买小苏打的钱。

米粒居然认真地考虑了一下这个建议……我终于明白，和黑暗料理界的人是没法沟通的。

高兴这次也接受不了了，坚定地表示拒绝喝用醋做的汽水，而且他也绝不相信米粒连醋和小苏打都带了，竟会忘记带柠檬酸。

在我们的坚持下，米粒只好拿出了柠檬酸，称了 3 克丢进瓶子里，然后立刻拧紧了瓶盖。只过了一小会儿，原来软软的瓶子就变得很硬，瓶子里还出现了好多气泡，现在里面应该是充满二氧化碳了。

高兴等不及地想要品尝，米粒却说要等一会儿口感才会好。等一会儿？等一会儿黄瓜汁能变成苹果汁吗？反正我对这个黄瓜汽水一点儿兴趣都没有。不过高兴倒是不在意，还说既然知道了方法，以后就可以自己开发苹果汽水、橘子汽水了。而且据他说，这个黄瓜汽水居然意外地好喝呢！

科学小贴士

碳元素有一种形态为无色晶体，是在地球深处高压、高温条件下形成的，人们把它叫作钻石。别看钻石这么光彩夺目，其实它和用来做铅笔芯的黑乎乎的石墨一样，都是碳元素组成的，只不过结构不同罢了。钻石燃烧也会变成二氧化碳，也就是咱们制作汽水的主要材料。不过，就算是高兴这样的吃货，也不至于会烧钻石制作汽水吧。

10月30日 星期二
万圣节鬼火

明天就是万圣节前夜了。高兴和米粒晚饭后跑来我家，一起准备万圣夜的化装道具。

我分到的任务是做南瓜灯。说真的，我觉得自己刻南瓜灯的技术还是挺棒的。可是高兴却不满意，嫌弃南瓜灯里的火苗是黄色的，没有气氛，还说应该像鬼火一样是绿色的才对。

喂，你倒是找根能冒绿火的蜡烛啊！再说鬼火也不是绿的，是白色带绿的好吗？

结果接下来的话题就奇怪地变成了怎么点出绿色的火苗。高兴建议直接弄点儿磷化氢放在灯里，说鬼火的主要成分就是磷化氢，这样一定能有鬼火的效果。但是米粒马上否决了他的建议，说磷化氢有剧毒，用它来点火，估计我们仨都过不了明晚。看着他俩纠结的样子，我建议直接用个绿色的灯泡，安全简单又持久。可是他俩都不同意，嫌灯泡没有火焰跳动的效果，还联合起来鄙视我没有美感。哼！

不过，说起绿色的火焰，我倒是想到一个不用磷化氢的办法。但是鉴于他俩刚鄙视过我，所以我决定先不告诉他们。

我拉着老爸躲进卧室，戴上手套，往杯子里倒了点儿水，然后拿出一瓶氯化铜。无水氯化铜本来应该是棕黄色的，不过我这瓶是氯化铜溶液，里面的氯化铜分子和水分子混在了一起，所以就变得蓝蓝的，还挺好看的。我倒了一点儿氯化铜溶液到杯子里，水也变成蓝的了。老爸说，因为氯化铜的低毒性，游泳馆常用它来消毒，不知道泳池的水发蓝跟这个有没有关系。我一边往杯子里加氯化铜一边搅拌，直到杯底出现溶解不了的氯化铜，饱和溶液就配好了，水也从蓝色变成了绿色，都有点儿微微泛黄了。

我先戴上护目镜和口罩，然后用坩埚钳夹出一个小坩埚，倒进了3毫升氯化铜饱和溶液，又找出无水酒精，往里面倒了7毫升，最后搅拌均匀。好了，是时候让他俩见识一下了！

我夹着坩埚去找米粒和高兴，当我走到客厅的时候，他俩正在讨论怎么做个绿色的罩子把蜡烛罩起来。嘿！我就知道，

这么需要智商的问题，没有我他俩是搞不定的。

我拍了拍高兴的肩膀，他回过头来莫名其妙地看着我，不明白为什么我要拿着一个坩埚。我没跟他多做解释，直接点着了坩埚里的溶液。在酒精的作用下，火腾地着了起来。高兴正打算问我点火干吗，却看见火慢慢地变成了绿色。绿荧荧的火光照亮了他和米粒张大的嘴。

高兴非常诧异，追着问我是怎么做到的，但我怎么可能这么轻易地告诉他呢。我正盘算着是换他那个赛车模型还是游戏光盘的时候，米粒鄙视地看了我一眼，说：“不就是焰色反应吗？”

唉！眼看到手的赛车模型或游戏光盘又要飞了。

米粒说得没错，这确实是焰色反应——对火焰来说，金属就像是颜料，不同的金属放到

火里，就会把火焰染成不同的颜色，比如锶可以把火染成红色，钠能把火染成黄色——蜡烛的火苗之所以是黄色的，就是因为做烛芯的棉线里有钠的成分。眼前绿色的火焰实际上就是铜在火里灼烧的颜色。

我们把坩埚放进了南瓜灯，绿色的火苗在南瓜“鬼脸”的眼睛里、鼻子里、嘴巴里跳动着，原本橘黄色的南瓜被照得惨绿惨绿的，还真有点儿恐怖的感觉。我觉得明天一定不会有比我们更特别的南瓜灯了——按照高兴的说法，我们的南瓜灯里跳动的可是“来自地狱的鬼火”！

科学小贴士

想要得到完美的“地狱鬼火”，氯化铜饱和溶液和无水酒精的配制比例很重要，3∶7最合适。如果酒精过多，酒精燃烧的黄光太强，绿色就会不明显；而如果酒精加入过少，火焰就会比较小，而且很快就熄灭了。

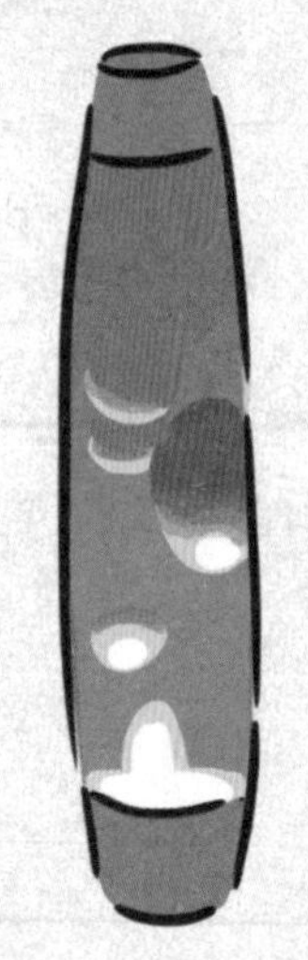
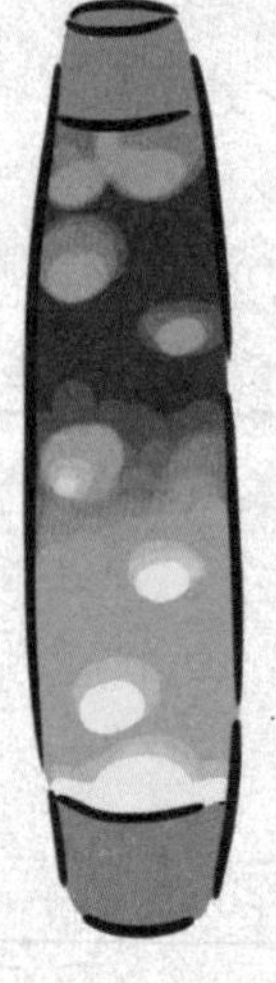
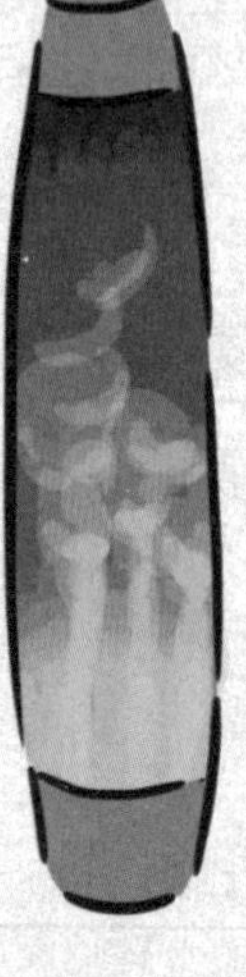

11月1日
星期四
熔岩灯

听说熔岩灯是科技达人的标配，我觉得自己必须得拥有一个。但老爸表示不能理解我的逻辑，还说如果我想买就得用自己的零花钱。自己的零花钱……我查了查熔岩灯的网上售价，然后默默地关了电脑。

虽然买不起，但这并不能阻碍我要拥有熔岩灯的计划。作为一个科技达人，是时候展现我的实力了。

要做熔岩灯，首先当然得有个透明的瓶子。我“征用”了老妈插花的玻璃瓶，因为它透光度好。

开工之前，我特地去厨房侦察了一下：很好，老妈已经离开了，正在客厅里看电视。按照以往的经验，20 分钟以内厨房是安全的。我拎着瓶子悄悄地走进厨房，先往瓶子里加了一点儿自来水，大概有瓶高的五分之一那么多，然后迅速拎起老妈做菜的橄榄油，一口气倒下去半桶，瓶子里现在大约五分之四都装着液体，只剩五分之一的地方还空着。

这个比例还不错。我把油放回原来的地方，拎着瓶子跑回了卧室。

经过几分钟的静置，瓶子里清楚地分成了两层，上层是比较轻的淡黄色的橄榄油，下层是无色的水。

我拿起红色的食用色素，挤了一些滴进瓶子，色素穿过油层落进了下层的水里，慢慢漫延开来。我等不及让色素自己溶解了，但是考虑到如果上下晃动瓶子，油和水又会混合在一起，所以只好在桌面上快速地转动瓶子，希望能让色素溶解得快一点儿。我一边转动瓶子一边滴色素，直到底层的水变成了鲜艳的红色。接下来就是最关键的一步了。

我拿了一片泡腾片，丢进瓶子里。随着泡腾片的溶解，二氧化碳产生了，瓶子里的水瞬间翻滚起来，咕嘟咕嘟的，像沸腾了一样。大量的二氧化碳裹挟着红色的水冲进油层，瞬间瓶子中央好像刮起了一股红色的龙卷风。“龙卷风”冲出液面，二氧化碳逃进了空气，留下水在液面顶部形成了一颗颗大小不等的红色“珍珠”并穿过淡黄色的油层慢慢落回了瓶底，还真有那么一点儿熔岩流淌的感觉。

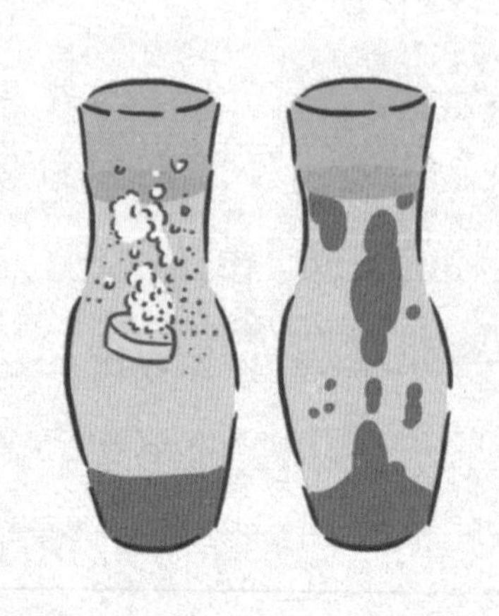

大约两分钟，泡腾片的溶解反应结束了，水和油都渐渐地平静下来，又变得层次分明。

很好，接下来只要加入照明效果就行了。我把瓶子架在灯上，让灯光照亮瓶子内部，红色、淡黄色都变得通透起来，挺好看的。

我拿起剩下的几片泡腾片，一股脑儿全丢进了瓶子里。哇！这下可不是“龙卷风”了，简直就像是火山喷发，无数大大小小的气泡从瓶底喷出来，无数红色的水珠又落回去，整个瓶子里的液体都开始转动。在灯光映照下，屋子里光影变幻，漂亮极了。

“咦？你今天做的东西很好看嘛！”路过我卧室门口的老妈看到了，表示她很喜欢这个效果。我一边对老妈的眼光大加赞赏，一边悄悄地向大门口移动……

果然，刚到大门口，就听到了老妈的怒吼：“臭小子！我刚买的油！”

太危险了，是时候去高兴家避难了！希望明天早上老妈能平静下来，顺便，也希望科学之神保佑我的熔岩灯明天还在！

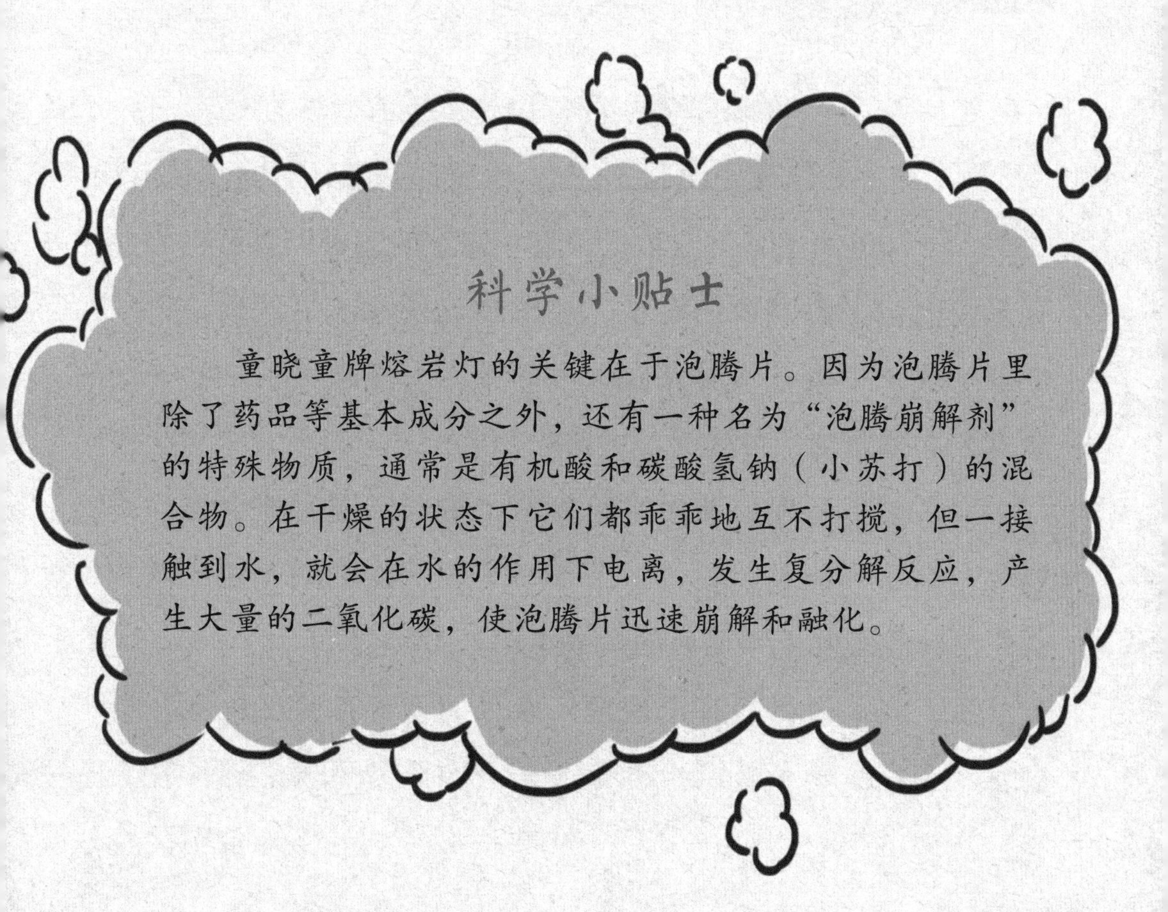

科学小贴士

童晓童牌熔岩灯的关键在于泡腾片。因为泡腾片里除了药品等基本成分之外，还有一种名为“泡腾崩解剂”的特殊物质，通常是有机酸和碳酸氢钠（小苏打）的混合物。在干燥的状态下它们都乖乖地互不打搅，但一接触到水，就会在水的作用下电离，发生复分解反应，产生大量的二氧化碳，使泡腾片迅速崩解和融化。

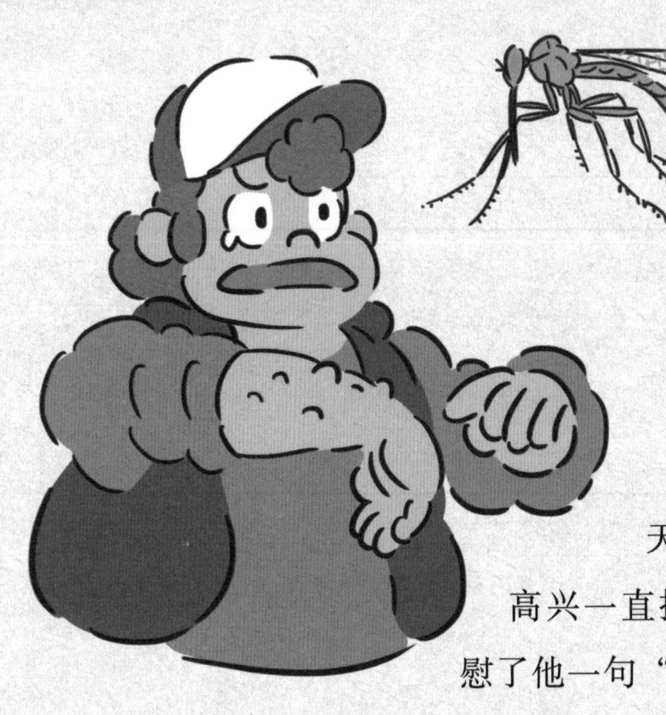

11月3日
星期六
最后的蚊子

今年不知道为什么，天都这么冷了还有蚊子。高兴一直抱怨蚊子咬他，我随口安慰了他一句“凡事要往好处想”，结果他就追着我问挨蚊子咬能有什么好处。

呃，这个好像确实没有，不过，机智的我怎么可能承认口误。于是，我就跟他说有个电影里演过，蚊子的血可以克隆出恐龙：有只刚吸饱了恐龙血的蚊子，被树脂包住变成了琥珀，后来科学家从琥珀中提取了恐龙血液里的基因，克隆出了早已灭绝的恐龙。这里面蚊子可是起了关键作用的！

高兴想了一下，勉强对我表示了赞同。同时他也很兴奋，说要是这个方法真能奏效，那把吸了我们血的蚊子做成琥珀，我们不就能去几千年以后的世界了吗？

咦，高兴说得很有道理啊！未来的世界是什么样呢？会不会已经不用上学了？路上的车会不会像电影里演的那样在天上飞？高兴咽着口水说，未来一定有很多好吃的，米粒则坚持认为那时候一定已经开通了星际旅行的航线，她想亲眼看看传说中的宇宙黑洞。

心动不如行动！我们决定趁着还有蚊子，赶紧把“琥珀”做出来，不然过两天蚊子都冻死了，就只能再等一年了。

做“琥珀”最麻烦的环节其实是逮吸了我们血的蚊子。我们试了好几个办法，最后还是高兴成功了：他把蚊子放进蚊帐，然后躺在里面，等身上被咬了好几个包之后，再下床把蚊帐关好，点上蚊香，过一会儿就可以去捡死蚊子了。

逮到蚊子之后，高兴表示他“贡献”了好多血，失血过多，需要休息一会儿；米粒说她要准备做“琥珀”的模具。于是，下一步熔化松香的工作就落到了我头上。好吧，为了去未来世界，我就不跟他们计较了。

我先戴上了护目镜、口罩和防护手套，然后剪开一个易拉罐，把一块特级松香丢进去，松香一定要用好的，不然做出来的“琥珀”不够透明。然后我又点了一根蜡烛，用钳子把易拉罐夹起来放在蜡烛上烤。松香慢慢熔化了，变成了黏糊糊的液体，里面有好多小气泡。

如果不把气泡赶走，它们就会留在“琥珀”里，影响观瞻。要赶走气泡，只能靠不断搅拌。

我拿着玻璃棒搅啊搅，慢慢地，气泡变得越来越小，越来越少，最后只剩下很少量的微小气泡，松香黏液也变得透明了一点儿。

我看看米粒，她早就把模具做好了。其实这个模具很简单，就是用硬纸折的一个方盒子。我又让米粒在盒子里铺上一层蜡纸，要不然等一下纸盒不好往下撕。

我往纸盒里倒了一点儿松香黏液，然后过了一会儿，等黏液稍微冷却一点儿才放进蚊子，不然万一蚊子被烫熟了，估计就克隆不出高兴了。

蚊子放进去后，我接着把纸盒倒满松香黏液。然后，我们就去吃晚饭了。

晚饭后我们又凑到一起，此时松香黏液已经凝固了。不过米粒说，要充分冷却，还需要一两天。高兴等不及，先把纸盒子撕下来了。新出炉的“琥珀”好几个面都不透明，看起来不大好看。米粒说没关系，用手指蘸点儿酒精在不透明的地方来回擦擦就行，不过擦的时间不能太长，最多三四分钟。高兴为了追求好看，结果擦得有点儿久，“琥珀”都变软了。

擦好的“琥珀”很漂亮，淡黄色，很通透，还带了点儿松香的味道。蚊子在里面栩栩如生。

接下来我们又继续做了我和米粒的“琥珀”，米粒还特地把自己的那份做成了花的形状。我们把 3 块“琥珀”晾起来，等它们充分冷却，约好等“琥珀”冷却好，就去附近的山上找一棵大树，把它们埋在下面。

我们还给各自的“琥珀”准备了写有名字的盒子：几千年后我们还要叫现在的名字！虽然未来的我们三人一开始可能互不相识，但我相信，我们一定还会成为好朋友！

科学小贴士

琥珀是远古松科植物的树脂滴落被深埋在地下，经过漫长岁月的地质变化，在地下高温高压的环境下形成的一种树脂化石。而我们制作“琥珀”用的松香，它的主要原料也是松树的松脂。所以，虽然我们的“琥珀”是山寨版，但是它跟真琥珀的原料还是挺相近的。

11月4日 星期日
蓝色妖姬

高兴最近看上了一个模型，很贵，贵到他老妈果断拒绝了他的要求，所以这两天他满脑子都是赚钱的念头。今天一大早他就把我和米粒叫去他家，兴奋地说：“咱们弄点儿玫瑰花卖吧，听说有种叫蓝色妖姬的很受欢迎，肯定好卖！”

我们三个凑了凑，身上的钱加起来一共不到50块，估计买不了几枝，能挣到20块就不错了，显然离高兴的目标差得有点儿远。

高兴很苦恼，说要不咱们买纸回来折玫瑰吧，这些钱买纸倒是能买很多张。

纸的？我立刻表示不参与这个投资，鲜花都卖不出去，谁会买纸折的玫瑰啊。然而米粒却表示，如果我们能想办法把纸玫瑰弄漂亮点儿，说不定还是可以卖掉的。最后，我们决定用硫酸铜试试看。

要做蓝玫瑰，首先得折一枝玫瑰，这个嘛……我折个纸飞机什么的还行，玫瑰这东西……我攥了攥手里像纸团一样难看的东西，实在不想交出去丢人。再看看高兴，他比我强——居然把“纸团”交出去了，真有勇气！于是我俩就一起被米粒鄙视了。米粒说这事还是交给她吧，她现学都比我们折得好。

米粒拿了几张滤纸，去学折玫瑰了。而我和高兴则开始准备配制硫酸铜的热饱和溶液。因为这次要一直加热，为了安全，高兴拿来一个实验用的烧杯。我们往烧杯里倒进开水，然后把烧杯放进锅里，再往锅里倒开水，这样就可以通过煮锅里的水来加热烧杯了。

我往锅里倒水的时候，高兴一直在唠叨，叫我不要倒太多，要保证锅里的水面比烧杯里的水面低，否则烧杯在加热过程中会局部受热不均匀，不安全……

不安全？我总觉得他是在心疼烧杯。最近的高兴可真小气！

我们打着炉子，锅里的水一会儿就沸腾了。高兴拿出一大瓶五水硫酸铜，我接过来往烧杯里倒了一些。高兴一个劲儿叫

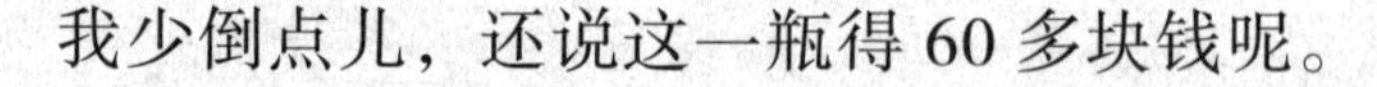

我少倒点儿，还说这一瓶得 60 多块钱呢。

我拿着玻璃棒不断地搅拌，硫酸铜晶体很快就溶解了。在高兴心疼的目光里，我一边搅拌一边不断地把更多的晶体倒进烧杯。到后来，溶解过程变得很慢，有时候看到出现沉淀，以为饱和了，再搅一搅又溶解了。我手都搅酸了，溶液还没饱和。所以我干脆歇一会儿再搅拌一会儿，结果直到米粒拿着折好的纸玫瑰回来了，我还没弄好。理所当然，我又被米粒鄙视了。

又搅了好一会儿，终于杯底的沉淀物怎么搅拌都不溶解了，硫酸铜的饱和溶液总算配好了。

我们把烧杯夹出来，放进一个盛着冷水的盆里，让溶液迅速降温。幸好是实验用烧杯，骤冷骤热问题不大，要是一般的玻璃杯，这么烫直接放进冷水，估计马上就炸裂了。

随着温度的快速下降，硫酸铜饱和溶液的表面很快出现了一层薄薄的晶体，看上去就像水面上结了一层膜。

米粒把用滤纸折的玫瑰丢进烧杯，它立刻挣扎着浮上水面。我们又拿玻璃棒把它按下去，让它悬浮在液体的中间，既整体没在水面下，又不要碰到杯底。过了一会儿，纸玫瑰吐了几串泡泡，吸饱了水，也就不再往上浮了。这时，纸玫瑰上已经出现亮亮的硫酸铜结晶了。又过了大概 5 分钟，纸玫瑰表面出现了更多细碎的结晶。我们赶紧把它捞出来——再泡下去，结晶太多就看不出玫瑰的形状了。

捞出来的纸玫瑰变成了深蓝色，上面布满亮晶晶的小晶体，灯光照上去一闪一闪的，既像玫瑰上的露珠，又像撒了一层碎钻石，还真挺漂亮的。

高兴很开心，说等一下他要做一大捧，像鲜花一样用包装纸装饰起来，再喷上清漆，一定很好卖。

好吧，希望高兴能够顺利卖出去，这样我就能借他的模型玩了！

科学小贴士

硫酸铜有杀菌消毒作用，它的用途可广了，可以给水族馆灭菌，给游泳池消毒，还能和熟石灰混合制成农药波尔多液——人们洗水果的时候，有时会在果皮上看到蓝色的斑点，那就是它了！

11月9日 星期五 幽灵船上的硬币

高兴今天上学带了一枚硬币。他神秘兮兮地告诉我和米粒：这不是普通的硬币，是他爷爷航海时从幽灵船上带回来的！

是吗？看上去挺普通的，除了刻着不认识的外国字，没什么特别的嘛！

高兴一副你们不识货的表情。他说这枚硬币最特别的地方，就是放进水里可以召唤出幽灵船长。

真的假的？！我和米粒都表示高度怀疑。于是放学后，高兴带我们到了他家。我们进了卧室，高兴老爸兴致勃勃地走了进来。高兴倒了一些水在杯子里，把硬币扔进去，然后关上灯。

我们在黑暗中屏息等待，水中的硬币很快便隐隐发出蓝光。高兴晃了下杯子，硬币拖曳出了两道发着蓝光的轨迹。同时，诡异的蓝光不断向水中扩散，随着晃动，很快充满了整个杯子。天哪！难道幽灵船长真的会出现？米粒已经吓得开始尖叫了。

不！我绝不相信这样一枚硬币就能召唤幽灵船长，船长也是有尊严的！

要判断真假很简单，我从兜里摸出一枚五毛钢镚儿，迅速地朝杯子里扔去。高兴阻止不及，钢镚儿落进了杯子，居然也发出了一模一样的诡异蓝光。

我问高兴，这五毛钱是学校门口卖冰棍的老大爷找给我的，那么会不会召唤出老大爷？高兴老爸在一旁大笑。高兴干笑着想跑，但我和米粒怎么可能让他逃掉。在我们的“威逼”下，高兴说出了真相。

原来跟我猜想的一样，硬币只是普通的铜币，秘密在“水”里：这是鲁米诺溶液。

鲁米诺可是大名鼎鼎的血液检测小侦探，一遇到血迹就会发出蓝光。它很厉害，即使一小滴血滴到一大缸水里也能检测出来，灵敏度高达百万分之一；而且只要有血迹，哪怕过去很多年，它仍然能够查出来。

不过为什么硬币能发出蓝光呢，难道高兴在硬币上涂了血？可是我的钢镚儿上应该没血啊？

看到我们迷惑不解的样子，高兴立马精神

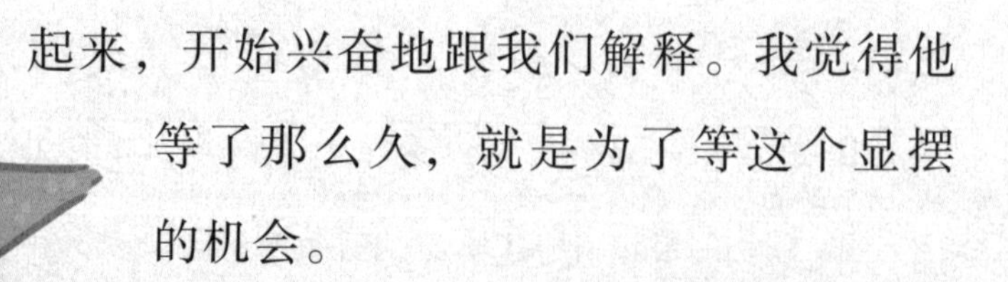

起来，开始兴奋地跟我们解释。我觉得他等了那么久，就是为了等这个显摆的机会。

高兴首先鄙视了我的无知，说单纯的鲁米诺遇到血是不会发光的。又说一般用于检测血液的鲁米诺试剂是鲁米诺、双氧水和一种氢氧化物碱的混合水溶液，试剂发光其实经过了如下过程：首先鲁米诺在碱性溶液里会反应生成一种双负离子，它可被双氧水分解出的氧气氧化，生成过氧化物。但这种过氧化物很不稳定，会立即发生分解反应，并在反应过程中以发蓝光的形式释放能量。

我迅速抓到了高兴的漏洞：要是按照这种说法，双氧水一分解，试剂就会发蓝光，那鲁米诺试剂本身就含有双氧水，试剂不就一直都会发蓝光了吗，还怎么检测血迹？

于是高兴得到了再一次鄙视我的机会，说难道你不知道，一般情况下双氧水的分解是非常非常慢的吗？只有遇到催化剂，双氧水才会迅速分解，比如，血液中的铁就是催化剂。

哦，这么说来，硬币中所含的铜元素也是催化剂，所以硬币才会发光。那么杯子里的“水”其实是鲁米诺和双氧水啊。

我发现米粒的脸色已经不大好看了。

“还有氨水。”高兴不知死活地补充，“10毫克鲁米诺，1毫升浓度3%的双氧水，10毫升浓度10%的氨水，再加上100毫升水。没想到这么容易就把你们吓到了……”

高兴还没说完，米粒已经抓起枕头朝他扑了过去。我能理解米粒，毕竟被一瓶化学试剂吓到尖叫确实是件丢脸的事，哈哈！

科学小贴士

高兴在骗人的试剂里用到了氨水。氨水有毒，有刺激性和腐蚀性，所以操作的时候要戴上护目镜、手套和口罩，避免接触或吸入。不过就算氨水没毒我也不想闻它，氨水可臭了，跟粪便的味道差不多，它的主要作用跟粪便也很像——用作肥料。

11月10日 星期六 “法老之蛇”

高兴是个痴迷魔法的家伙，每天我跟米粒都要被他普及各种白魔法、黑魔法、治疗术的知识。虽然内容很有趣，但是每天都要听一遍，也是很痛苦的事。所以我决定让高兴见识一下我的大召唤术魔法，让他知道我已经是一个够级别的魔法师了，不需要再听他念叨那些入门级的知识了。

我找出一个小锅，然后拿出一块固体酒精放进锅里，这样等下就可以在锅里点燃酒精了，不会烧到别的地方，比较安全。

放好固体酒精之后，我又找出一大瓶葡萄糖酸钙片。没错，就是常见的那种补钙用的几块钱一大盒的葡萄糖酸钙片。我把钙片放在固体酒精上，一片紧挨着一片，满满地铺了一层，大概有十几片。然后我打电话叫来了高兴，当然，还有跟来看热闹的米粒。

高兴一看见固体酒精就无语了，他表示还没见过有使用固体酒精的魔法师呢。但我很淡定，炼金术还是化学的始祖呢，施展魔法用点儿化学材料有什么大不了的。

我划了根火柴，沿着固体酒精周边点了一圈，目的是让固体酒精的各部分同时开始燃烧。然后，我装模作样地喊了一句咒语："契约为凭，火焰为媒。出来吧，魔蛇！"我用余光瞄到高兴正皱着眉头，八成又想指出我咒语中不严谨的地方；而米粒则在拼命忍笑，脸都快抽搐了！

然而接下来，他们的注意力全被火焰吸引住了：只见钙片迅速变黑，一个个灰黑色的像蛇头一样的东西从钙片里伸出来，然后慢慢地向外爬，而且越爬越长，越爬越快，就像十几条灰黑色的小蛇从火里蹿出来。它们一边向外爬一边舞动，看上去就像古希腊传说中蛇妖美杜莎的头发。

高兴和米粒惊讶得嘴都合不上了，眼睁睁地看着"小蛇"们向外爬，爬到一定程度后，"小蛇"们忽然又向中间聚拢，

抱成一个团，互相缠绕着继续爬。正当他们看得目瞪口呆的时候，一条“小蛇”爬着爬着忽然断了，“啪嗒”掉了下来。接着，又有两条“小蛇”断裂了。

断了……

高兴捅捅我：“嘿，断了，你的召唤蛇。”

唉，失策，我忘了多孔碳酸钙比较疏松，长了容易断。没错，这些“小蛇”其实就是多孔碳酸钙。葡萄糖酸钙片燃烧之后生成碳酸钙和二氧化碳，碳酸钙在二氧化碳的作用下形成了多孔碳酸钙，体积迅速膨胀，就出现群蛇乱舞的效果了。

一直看热闹的米粒迅速总结了4个字：“法老之蛇。”

没错！我的“大召唤术”其实就是“法老之蛇”膨胀反应实验的模拟版。

“法老之蛇”，听名字就知道这个实验有多诡异了。据说实验开始时点燃硫氰化汞粉末，然后就能看见一团大大小小的“蛇”从不起眼的白色粉末里爬出来，互相缠绕着、蠕动着、蜿蜒着向四周伸展，一会儿工夫就变成很大的一团立在面前，像一个变异生物，视觉效果非常惊悚。同时危险性也高——硫氰化汞本身就有剧毒，燃烧后还会产生剧毒的烟气，很可怕！

相比之下，我的“大召唤术”就安全多了，最多产生一点儿一氧化碳，打开门窗通通风就没问题了。当然，视觉效果也差得有点儿多，按照高兴的说法，人家是“法老之蛇”，我这个最多算“法老之蚯蚓”。蚯蚓就蚯蚓吧，至少还跟法老沾上边了，对吧！

科学小贴士

说起今天用到的固体酒精，它可不是酒精的固体状态——酒精的凝固点是 -114.1℃，一般可见不着。人们平常使用的固体酒精，其实是在工业酒精里加入了凝固剂做出来的。

11月14日 星期三 吹不灭的生日蜡烛

今天一放学我就扯着米粒去了我家——高兴的生日快到了，我们得赶在他过生日之前把东西做好。别误会！我们可不是在给高兴准备生日礼物，而且打算在生日那天小小地捉弄他一下，给他一个别样的“惊喜”，嘿嘿！

我们要准备的“惊喜”是一盒特制的生日蜡烛，它的特点是怎么吹都不会灭。为了找材料，我昨天可是跑了好几家商店，最后才在户外用品店买到了我需要的镁块。

我把材料盒拿到了客厅，里面有镁块、一个蜡烛模具，还有一盒蜡烛。坐在沙发上看报纸的老爸问我又想出什么鬼点子了，我嘿嘿一笑，说这是个秘密。

米粒看到这些材料后立刻拿起了蜡烛，说她来负责把蜡烛切块，然后很自

然地把刮镁粉的活儿分给了我。本来我没觉得有什么问题，但是当米粒已经切完所有的蜡烛，而我还在努力刮镁粉的时候，我才感受到了米粒的狡猾。

我戴上了护目镜、口罩和手套，开始干活儿。镁粉刮起来比较麻烦，要用镁块自带的刮片一点儿一点儿往下刮，要用力，速度还不能快，不然就会擦出火花。老爸早已放下了手中的报纸，认真注视着我的动作。

好不容易刮好了镁粉，老爸把镁粉接过去，将它们小心地倒进一个玻璃瓶里密封起来。镁这种金属很活泼，和水都能发生反应。它跟水反应会生成氢气，还会放出大量的热。它的燃点也不高，热量积聚很容易就能达到燃点，然后就会着火。而氢气遇到火……搞不好就会爆炸。所以一定要仔细收好，避免受潮，不然万一它自燃、自爆了，估计我还没捉弄到高兴，

就得先被老妈修理一顿。

老爸收好镁粉后，我找了一个易拉罐，把它剪开，把蜡烛块放进去，再把易拉罐放在锅里，又往锅里倒了些水，这样隔着水煮比较安全。

我打着火，水很快就沸腾了。不久蜡烛块也熔化了。米粒拿来一条作为烛芯的棉线放进去，再捞起时上面已经浸透了蜡油。稍微晾凉一点儿后，我小心地倒出一些镁粉，米粒把棉线放在镁粉里滚了滚，又揉了揉，很快棉线外面就沾上了薄薄的一层镁粉。好了，特制蜡烛最核心的部分就算完成了！

接下来的工作就简单多了，我们把特制的棉线烛芯竖着固定在蜡烛模具的中央，然后把熔化的蜡油倒进去；等到蜡油冷却凝固后，再把模具取下来，蜡烛就制成了。

不过，鉴于高兴要过的是 12 周岁生日，我们还得把刚才做过的事情重复 11 遍。我无比后悔没能在 5 岁的时候就想出这个办法来整高兴，那样我们就能少做好几根蜡烛了。不过，虽然重复劳动很无趣，但是只要一想到生日当天，等我们唱完生日歌，高兴对着生日蛋糕一口气吹过去的情景：蜡烛灭了，但是过几秒又自动点燃了，再次吹灭，再次自动点燃 ……无论高兴使多大劲儿，这几根蜡烛就是吹不灭！我跟米粒顿时充满了干劲儿！哈哈！

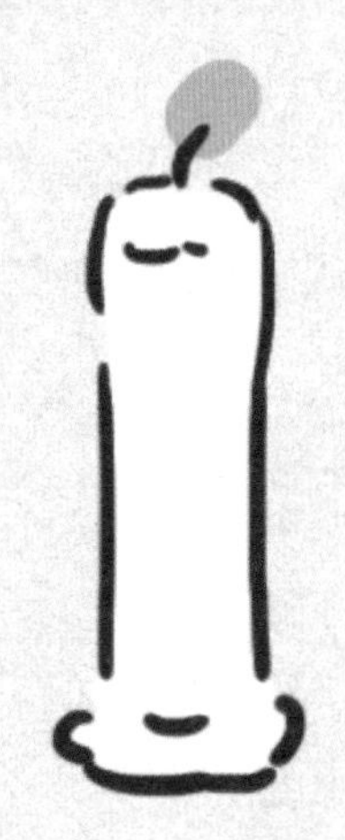

科学小贴士

特制蜡烛之所以被吹灭后会复燃，是因为作为烛芯的棉线外包裹了一层镁粉。镁粉的燃点不高，当蜡烛被吹灭之后，烛芯的温度还是高于镁粉的燃点，所以镁粉就被点着了，紧接着燃烧的镁粉又重新点着了蜡烛……这样蜡烛就一直吹不灭啦。不过，鉴于这种特制的蜡烛含有镁粉，所以用完之后一定要在冷水中浸一下，确认蜡烛真正熄灭后再扔进垃圾箱。不然蜡烛万一再次复燃的话，说不定就会引发火灾。

11月15日 星期四
养在窗台上的“水晶”

今天好冷，一放学我就赶紧往家跑。天这么冷，不知道我养的“水晶”会不会冻坏了。我跑到家，先看了看温度计：还好，室温没有太大变化，幸好暖气很给力！

我又跑向北窗台——为了避免阳光直射，我特地把它养在照不到阳光的北窗台上。

“水晶”很脆弱，养的时候不能受到震动，否则长得就不好看了。动作得轻着点儿，所以我小心翼翼地爬上窗台。窗台上放着一个结晶皿，上面盖着一个硬纸板，那是防灰尘用的。结晶皿里盛满了透明的溶液，在溶液中央，一个晶莹剔透的八面体“水晶”静静地悬挂着，折射出漂亮的光芒，就像一颗真的水晶。

太好了！不但没有冻坏，看上去好像还比昨天大了一点儿。今天的长势很不错嘛！

这颗“水晶”其实是明矾晶体，很漂亮，可是养起来还真有点儿麻烦！

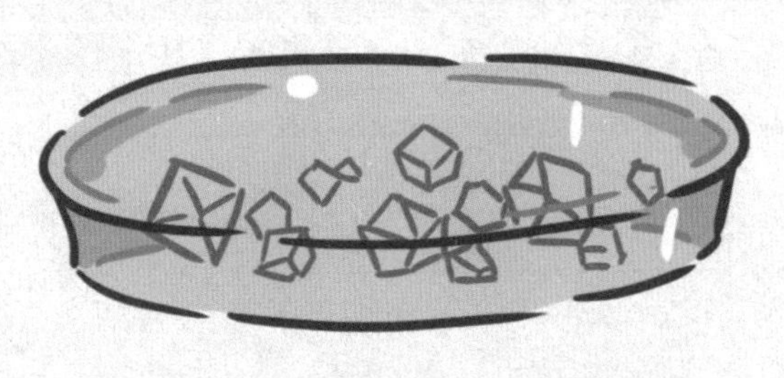

要种晶体，就像种花一样，首先得有种子。结晶的“种子”叫作晶核。

培育晶核需要明矾的饱和溶液。这种溶液的配制理论上很简单，就是拿个烧杯，往里面倒些水，一边搅拌一边加明矾，直到出现不能溶解的沉淀就行了。但是理论和现实的差距总是那么大，我搅拌的溶液里已经出现沉淀了，但是刚停下来歇口气，沉淀就又溶解了。就这样，搅了好久才配出真正饱和的溶液，我手都搅酸了，万分后悔没把高兴叫来做苦力。

饱和溶液配好之后，我又用一块干净的眼镜布当滤纸，把溶液过滤到另一个烧杯里，然后就可以拿来培育晶核了。

培育晶核我用的是悬挂法，因为这种方法最容易养出八面体形状的晶核，而且我已经提前准备了悬挂用的秘密武器——来自米粒的一根长头发。听说用头发养晶体很不错，我早就想试试了。为了让头发能顺利地沉到溶液下面，我还特地捡了块小石子来坠着它。这块小石子也是我另一个痛苦的回忆：因为溶液里不能有灰尘，这块小石子我洗了不下10遍，洗到连我妈都开始怀疑这是不是她没见过的某种水果，我一定是为了要吃才会洗得这么卖力。

石子洗好后，我把它绑在头发上，把头发的另一端绑在一

根铅笔中央，再把铅笔架在烧杯上，这样头发就完美地浸在了溶液里。然后……然后就没什么事可做了，只能等晶核自己慢慢长了。

等的时候还是有点儿煎熬的，因为不知道晶核能不能顺利地长出来。由于晶核很久都没出现，我甚至怀疑溶液是不是没有饱和，可是又不敢去搅，因为溶液在结晶过程中不能受到震动。

两天后，就在我快要熬不住的时候，发丝上终于结出了一串小晶核，串在一起亮晶晶的，像一串水晶手链，很漂亮！我在这些小“水晶”里找了半天，终于找到了我想要的八面体晶核。接下来就得把其他小“水晶”夹碎取下来，虽然有点儿舍不得，但是晶核距离太近的话，以后就会长到一起去，变得很难看。

“种子”培育好了，还得有“土壤”，晶体生长的“土壤”就是饱和溶液，所以我再一次痛苦地配制了饱和溶液。这次我把配制好的溶液过滤到了专

门培养结晶的结晶皿里，再把晶核悬挂进新溶液，然后给结晶皿盖上一个硬纸板防灰尘。都弄好之后，我就把结晶皿放到背阴的窗台上，安心地等它生长。

“水晶”长得很慢，十分考验耐心。不过我每天路过窗前，看着它一点点长大，越长越漂亮，还是挺有成就感的。我都想好了，等我的“水晶”长大了，就把它送给老妈做项链坠，老妈一定喜欢！

科学小贴士

明矾在人们日常生活中的用途很广，能做药，能染布，还是一种合法的食品添加剂。以前就连炸油条的时候都会用它，因为它能让油条一下子膨胀起来，变得香脆可口。不过因为明矾含铝，长期食用对人体有害，所以从 2014 年开始，咱们国家已经禁止在一些面制品和膨化食品中添加明矾。

11月18日 星期日 拯救围巾大作战

今天本来应该是普通的一天，我吃个普通的早饭，然后去找高兴和米粒普通地玩上一天。可是因为一条围巾，我普通的生活泡了汤。

说起这条围巾，其实就是一条普通的白色棉麻围巾，发黄的那种白，老妈刚买的，还说她就喜欢这种泛黄的白，看起来很古典。但是在我看来：棉麻、白色、发黄……那不就是抹布吗？所以我早上把胡萝卜汁弄洒的时候，就顺手拿它擦桌子了。

擦完我才发现，用的居然是老妈的新围巾。我赶紧去洗，可是胡萝卜汁太顽固了，无论怎么搓洗都有几块黄斑。

完了，这要是被老妈发现了，后果肯定很严重。所以当高兴来叫我的时候，我机智地把围巾塞进了书包，一起带去了米粒家。

米粒看过围巾，非常肯定地告诉我，只有一个办法：就是将围巾染色，把胡萝卜汁的痕迹盖住。听起来挺有道理，可我总觉得米粒看上去好像格外兴奋，不知道为什么。

米粒飞快地跑进厨房，抱了一大堆洋葱交给我和高兴，让我们剥皮。我立刻表示不用特地做菜招待我们——一想起米粒的黑暗料理，我就觉得要吃她炒的洋葱，还不如回家挨打。

米粒没理我，吩咐我们只剥最外面的葱皮，不要里面的葱肉。

我们剥好之后，米粒把这些洋葱皮冲洗干净，拿了大概200克放进锅里，又倒进大约2升水开始煮。随着水的沸腾，锅里的水开始变红，颜色也变得越来越鲜艳。水煮开大约30分钟后，米粒关了火，把洋葱水过滤出来，倒进另一个锅里。洋葱水红艳艳的，看起来很鲜亮，没想到又黄又干的洋葱外皮居然能煮出这么漂亮的水。

米粒拿出几根白色的棉线把围巾扎起来，放进了盛有洋葱水的锅，开心地说一直想试试草木染，今天终于有机会了。

什么！难道米粒从来没染过色，今天是在做实验？怪不得刚才她说要染色的时候显得那么兴奋。我看着锅里的围巾，不知道现在把它捞出来还来不来得及……

米粒再次把锅放到炉子上，拧动开关调节到小火挡，一边煮一边时

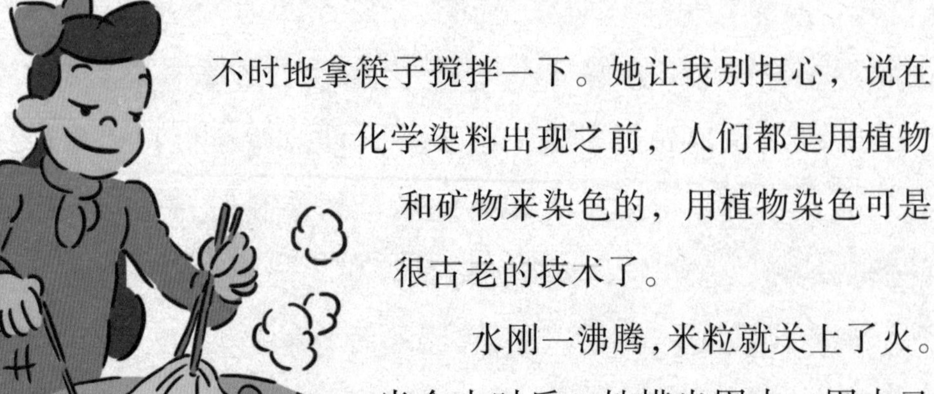

不时地拿筷子搅拌一下。她让我别担心，说在化学染料出现之前，人们都是用植物和矿物来染色的，用植物染色可是很古老的技术了。

水刚一沸腾，米粒就关上了火。半个小时后，她捞出围巾，围巾已经变成了棕黄色，看上去还行，但是不知道里面染成了什么样子。米粒不让我解开线绳，说等一下还要再泡媒染剂。

米粒称出 5 克明矾放进盆里，又倒进去 1 升水搅拌，说这个就是媒染剂。她先把围巾拧干，然后泡进媒染剂里。接下来的情况令我简直不敢相信自己的眼睛——围巾居然开始褪色了，褪得一块一块的，难看得要命。米粒很纳闷儿，不明白为什么会褪色。我很绝望，今天来找米粒就是一个错误。

米粒又安慰我说还没结束，还说书上写着最后得再在洋葱水里煮染一遍，说不定能有奇迹呢。

又过了半个小时，米粒把围巾捞出来，再次扔回洋葱水，和刚才一样用小火煮。围巾在洋葱水里很快染上了色，比刚才还快，而且颜色也有点儿不一样：原来是棕黄色，现在则有些偏橘黄。我觉得现在的颜色更漂亮！

煮染完成之后，我忐忑不安地把围巾捞出来，迫不及待地拧干、抖开：哇！好棒的围巾！颜色很漂亮！被线绳扎起来的地方也形成了自然的花纹。至于胡萝卜汁的斑痕，早就被盖住看不到了。我觉得我可以放心回家了！

晚上到家，我把围巾拿给了老妈。她很高兴，夸我有眼光。可是当我告诉她这是用她那条白围巾染成的时候，老妈的表情又变得……呃，很复杂。

不过，不管怎么说，我今天算是安全度过了！哈哈！

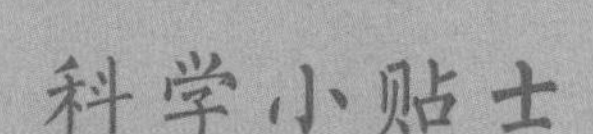

科学小贴士

媒染剂的作用是跟染料发生反应，让颜色染得更牢固。有些时候媒染剂也能让染料变色，比如用槐花做染料的时候，如果不放媒染剂，几乎染不上颜色；但是一放进青矾，就能染出很漂亮的绿色了。

11月24日 星期六
名侦探范小米

早上我和米粒赶到高兴家的时候，他正在气急败坏地到处翻找。原来，“借物小人儿”这次又“借”走了他的新模型。这个模型是高兴这段时间的最爱，天天摆弄，连作业都顾不上做了，这会儿被“借”走，高兴一定恼火得要命。

说起来，这个“借物小人儿”已经不是第一次“作案”了，高兴从小到大没少被他光顾。他“借”过高兴的玩具、游戏光盘、模型，有一次还“借”走了一大块巧克力糖。每次“借”东西他都会留下一张纸条告诉高兴，并保证以后一定归还。每次高兴都会愤怒地到处找线索，当然了，每次高兴都找不到。这次也一样，我跟米粒在客厅刚喝完一杯果汁，高兴就放弃了，气冲冲地跑出来，手里拎着一个塑料袋，里面有张纸条。我好奇地想拿出纸条看看，高兴立刻制止了，说这是“借物小人儿”留的纸条，要好好儿

保管，以后就是证据！他可是严格按照侦探片里采集证据的方法来做的，连读纸条都戴着手套。

对此，我只想对高兴说，你的智商也被“借”走了吗？罪犯是谁都不知道，你留证据有什么用？但是米粒忽然蹦起来，说纸条既然保存完好，我们正好可以提取罪犯的指纹！她还很酷地来了一句：“真相只有一个！”

喂，米粒，你侦探动画片看多了吧！但是话说回来，“借物小人儿”的指纹是什么样？会不会像 E.T. 外星人一样？好想看一看！

米粒老练地告诉我们，提取指纹可以用碘：因为人的皮肤会分泌油脂，所以纸条上留下的指纹里也有油脂；而碘能跟油脂起反应。而且碘受热很容易变成气体，所以可以先把碘变成蒸气，含碘蒸气遇到纸条，有油脂的地方会变色，没油脂的地方就不会，这样指纹就显现出来了。米粒还说这就叫作碘熏法，是侦探界的常用方法。

米粒大侦探很有魄力地指挥高兴拿来了一支蜡烛、一个空易拉罐和一瓶碘酒。她先让高兴把易拉罐剪开，去掉上面一部分，倒进一些碘酒，再把蜡烛点着。然后她拿起钳子，夹起易拉罐

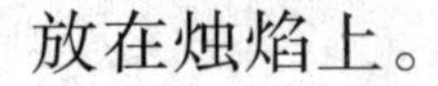

放在烛焰上。

是时候出手了！我一个箭步冲上去，吹灭了蜡烛：碘蒸气有毒，这样做太危险了！

米粒抱怨我小题大做，认为碘酒里的碘含量很少，就算有毒也不用害怕。不过高兴还是谨慎地拿来了护目镜、口罩和手套，还去隔壁房间把自己的老爸叫了过来。

米粒全部戴好之后，继续用蜡烛加热易拉罐里的碘酒。倒的碘酒本来就不多，很快就差不多烤干了，紫色的碘蒸气开始缓缓地冒出来。高兴赶紧拿出“借物小人儿”的纸条放在蒸气上方，不一会儿，纸条上真的显现出了几个棕色的指纹！不但有指纹，还有大半个手印呢！看来“借物小人儿”是用另一只手按着纸条写的字。可是，这手印怎么这么大？而且怎么看着有点儿眼熟呢？

我突然注意到，

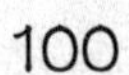

此时高兴老爸悄悄溜出了房间……

我还没琢磨过来，高兴就已经跳起来，追了出去。隔壁房间很快传来高兴质问他老爸的声音。就听高兴老爸小声解释说，把模型收走是因为高兴这两天玩得太上瘾了，怕影响他休息和学习，还说以前“借”走的东西过一段时间不都还回来了吗？高兴愤怒地指出，好几样东西一直都没还！高兴老爸表示可能忘了，说回头再找找……高兴继续指责他有一回拿走了自己最爱吃的巧克力，他老爸不好意思地说，那次太饿了，就给吃光了……

好了，我和米粒还是赶紧走吧，以高兴跟“借物小人儿”这么多年的恩怨，他俩起码还得吵上大半个小时。其实我也有些心虚，幸好高兴没检测其他纸条，不然他就会发现，里面有一张是我写的……嘿嘿！

科学小贴士

碘容易升华，升华的意思就是碘可以从固体直接变成气体。所以用碘熏法提取的指纹可得及时拍照保存，不然时间一长，碘升华跑掉了，指纹也就消失了。

11月26日
星期一
我们的炼金术

最近高兴迷上了《钢之炼金术师》，这是一套关于炼金术的漫画书。这些天，我满耳朵都是他叨叨的关于炼金术的事。

不过，我只对怎么把比较便宜的金属炼成黄金感兴趣。要是行得通的话，我就能用铅芯制出黄金了。我的愿望刚从嘴巴溜出来，就被米粒嘲笑了。她说铅笔芯里的铅根本就不是金属，而是石墨，算是煤的表亲。

还好我脑筋转得快，哈哈，谁说铅芯一定是铅笔芯呢？我又解释说，刚才说的铅芯是指铅球芯。那种身材不大、重量却不小的铁皮圆球，我敢肯定里面灌的就是金属铅。但是，米粒又发难了，说："你爸爸能变成你妈妈吗？"这算什么问题！跟炼金术有关系吗？

高兴却好像领会了米粒

的话，连连点头说：“爸爸不能变成妈妈，就好像一种单元素的金属不能变成另一种单元素金属一样。铅、铜、锌……所有这些都没办法变成金。但是，你的爸爸和妈妈加起来，就能变出童晓童！”

啊？！这只是对炼金术的比喻，对吗？那么，铜加锌是不是也能生出金子呢？

我刚一说出这个想法，就看到高兴两眼放光，兴奋地大叫：“童童，你简直是个天才炼金术师！”

米粒却来了一句：“高兴，你掉了个‘伪’字。”

高兴依然兴头不减，因为这个“伪”字不是安在他身上的。

这次，我被叫作“天才‘伪’炼金术师”，都怪我太聪明了，竟然无意中说出了古埃及炼金术的秘密。在从前遥远的某年某月某日，某人试着把铜和锌加在一起，制成了合金，这种合金不论样子还是硬度，都很像真的黄金。从“真”童晓童变成“伪”炼金术师，我一点儿也不介意。“伪”跟“失败”

有时候就是同义词。

既然炼金术从来就没有成功过，那些历史上的炼金术师，从本质上说不都是“伪”炼金术师吗？

等我从炼金的妄想中清醒过来的时候，一天的课已经结束了。我跟米粒正打算打道回府，高兴却一把拉住我，冲我使了个眼色。

什么好事呀？连米粒都支开了，肯定是我们男生之间的秘密。我赶紧侧耳倾听。

啧啧啧！高兴真够可以的！他竟然请求我把小便攒在小桶里，明天带来跟他一起炼金。

方法也很简单，就是把小便用酒精灯加热几天。可是，这种做法行不行啊？

回家后，我马上上网查了一下，原来，早在 1669 年，一个名叫亨尼格·布兰德的德国人就已经这样试过了。他没能炼出金子，却发现了磷。以后碰到停电的时候，我倒是可以用磷来给小黑屋照亮。不过，想想小便沸腾之后的那个味儿，我暂时还不想为高兴提供如此特别的“熏香”。

科学小贴士

虽然古代的炼金术师们没能炼出金子，但他们却意外地发现了很多化学元素，也积累了很多化学实验的经验。不过，据说现代科学家们找到了正确的炼金办法，那就是建一个核反应堆，然后通过裂变轰击水银。如果瞄得够准，恰好轰掉水银比金多的那一个质子的话，金就炼成了。但是，这种实验所花费的钱，比得到的金子贵了去了。而且更重要的是，得到的不是稳定的金，而是金的某些不稳定的同位素。它的半衰期十分短暂，5 分钟之内亮闪闪的“黄金”就会衰变为其他金属。

12月20日 星期四 果冻弹力球

新的一年就要到了，每年学校组织的新年游园会都是我们三人组挣零花钱的好机会。今天米粒提议做果冻弹力球，说这个简单，可以做好多，便宜也好卖。我却觉得弹力球不够酷，应该做个星战模型之类的才能显示我们的水平，但是看看高兴的表情，我预感到米粒的主意会二比一通过。果然，流着口水的高兴坚定地站在了果冻弹力球一边，我就知道！

放学后，高兴迫不及待地拖着我去了米粒家，然后眼巴巴地等着米粒拿出材料。唉，自从“果冻”两个字一出现，高兴的智商就飞走了，像果冻这种一摔就碎的东西怎么可能做成弹力球呢？果然，米粒拿出的材料没一样能吃的：胶水、硼砂、几瓶食用色素。哦，说错了，食用色素还是可以吃的，但是看高兴一脸嫌弃的样子，估计他也不打算吃。

哈哈！高兴很失望，非常失望。不过我觉得没什么，以米粒制作黑暗料理的历史，吃她做的果冻，还不如直接吃食用色素呢。米粒没理我，把硼砂递给高兴，让他配热饱和溶液。高兴郁闷地往一个杯子里倒了点儿热水，然后一边倒进硼砂，一边开始搅拌。不久杯子里就出现了不能溶解的硼砂，饱和溶液就算配好了。

米粒量了10毫升胶水倒进杯子，又倒了一点儿橘红色的色素进去搅拌。杯子里的胶水很快就变成了橘红色，黏黏的，还真有点儿果冻的感觉。

接着米粒又拿起硼砂饱和溶液量了10毫升，倒进盛着胶水的杯子，然后把玻璃棒递给我，让我搅拌均匀。

搅拌可是个技术活儿，不能太快，得让胶水和硼砂饱和溶液混合均匀，充分地反应，不然会产生很多气泡。而且，胶水和硼砂之所以能制成弹力球，关键就在：硼砂和胶水会发生反应，让胶水里的聚乙烯醇分子结合在一起，产生一种带黏性的聚合物，弹力很大。所以要仔细地搅拌均匀，好让它们充分反应。

在我不停地搅拌下，杯子里的东西越来越稠，越来越像果冻，看得高兴又开始流口水了。搅到最后，玻璃棒往上一挑，杯子里的“果冻”全都跟着起来了，像一团黏糊糊的透明泥巴，

真挺好玩儿的。

不过，这玩意儿真能做成弹力球？我表示怀疑。但我还是按照米粒说的，把“果冻”拿出来在手里揉搓成了一个球形。

然后我把“果冻”球往地上一砸，它“吧唧”一声就摔扁了，像一坨泥巴糊在地上，根本弹不起来。

这也能卖？！我和高兴一起看向米粒。她有点儿不好意思，说可能是硼砂饱和溶液放少了，因为硼砂和胶水比例不同，得到聚合物的紧密度就不同，弹性和可塑性都不一样。她还说本来想少放点儿硼砂饱和溶液，省点儿材料，没想到放少了居然弹不起来。米粒建议我们重做一份，这次放 20 毫升硼砂饱和溶液试试看。我都不知道说什么了，就为了省 10 毫升硼砂饱和溶液，又得重做一遍！我决定不听她的了，多倒点儿硼砂饱和溶液，于是放了估计得有 30 毫升。

果然，硼砂一多，弹性就变得好很多。搅拌到后来，杯子里的“果冻”变得很坚固。我再次把“果冻”捞出来，放在手里不停地揉搓，揉出了一个非常坚实的透明球。我把球往地上一摔，它轻盈地弹了起来，足有 20 多厘米高！

成功了！我们赶紧开始按照这个比例大量地制作弹力球，最后做了足足有一小盆，各种颜色的都有，放在一起很漂亮。太棒了！新年前的零花钱可就全靠它们了！

科学小贴士

硼砂不但是一种中药，还是传统的食品添加剂，它能让食物的口感变得更好，还能让食物变得更香、更好看。以前好多吃的，像米粉、年糕、粽子、肉丸等等，里面都会加入硼砂。不过后来发现硼砂有毒，所以在很多国家，硼砂早已被禁止作为食品添加剂使用了。

12 月 21 日 星期五
风暴瓶

米粒最近迷上了雪花球，要我们去她家帮忙做雪花球。要我说，雪花球这东西真傻，做了这东西我一定会被其他男生嘲笑，要是我不赶快想点儿办法，难得的周末就要浪费在一团胶水和纸片做的玩意儿上了。

于是我一到米粒家，就努力向她推荐风暴瓶：风暴瓶里有像雪花一样漂亮的结晶，而且这些结晶还会随着天气变化变出各种形状，非常美丽。传说 19 世纪一个船长还曾在航海时用它来预测天气……不出我所料，我还没说完，米粒已经迫不及待地拉着她爸爸去买材料了。“天然樟脑！一定要买天然樟脑！”我跟在后面大喊，“别买人工合成的啊！”

虽然都叫樟脑，但天然樟脑和人工樟脑可是完全不同的东西。天然樟脑主要成分是莰酮，而人工樟脑的主要成分是对二氯苯，它们看上去很像，可用来做风暴瓶的话效果可就差远了。

材料很简单：硝酸钾、氯化铵、天然樟脑、无水酒精，还有蒸馏水，米粒和她爸爸很快就都买回来了。米粒吩咐高兴去清洗要用的杯子、瓶子，而我则负责配溶液。咦？那米粒自己干什么呢？对此，米粒表示她的工作是指导我们。因为这个实验中要用到一些危险品，米粒爸爸作为监护人在一旁时刻注视着我们的每一步操作。

什么？指导？风暴瓶的做法是我告诉她的好吗！不过以往的教训告诉我，跟米粒讲理才是最大的不理智。我默默地戴好橡胶手套和护目镜，去厨房帮高兴拿东西了。

我们回来的时候，米粒正无聊地拿着一把勺子猛戳一堆白色晶体，她说刚才看到硝酸钾结块了，所以帮我们弄碎它。这样啊……

等等！米粒戳的是硝酸钾！我赶紧把勺子抢过来了：硝酸钾可是拿锤子猛砸会爆炸的危险东西，我可不想风暴瓶做成爆炸瓶。

拿什么给米粒玩呢？无水酒精——这个是易燃危险品也不能给米粒；氯化铵和樟脑——这两个问题倒不大，但是用来给米粒戳太浪费了；最后我拿了蒸馏水给米粒，米粒不理我了。

我量了24毫升蒸馏水倒进玻璃杯，又称了1.6克硝酸钾和1.6克氯化铵倒进去，然后递给高兴让他帮我搅拌。

我自己则称了1.7克天然樟脑放进另一个玻璃杯，又量了20毫升无水酒精倒进去。我拿起杯子轻轻摇晃，樟脑丸很快溶化了，溶液变成了微微的白色。再看看高兴，他那杯溶液中的固体居然还没完全溶解。他郁闷地看着我，十分怀疑我又把难干的活儿推给了他。米粒跑过来建议高兴拿去炉子上烤烤，温度高会让溶解的速度快一点儿。

喂！米粒你确定要用火直接加热硝酸钾溶液吗？其实你根本就是想做燃烧瓶吧……我和高兴默契地无视了米粒的提议。我去倒了盆温水，水温50摄氏度到60摄氏度，把两个玻璃杯放进去加温，溶液很快都变清澈了。

接下来就是见证风暴瓶诞生的时刻了，我把两种溶液缓缓倒进一个玻璃瓶。然后，它们就变成了白色的像米汤一样的东西……米粒很失望，高兴倒是不嫌弃，他觉得这个看起来像魔法药剂，非常酷，而且有香草味。

我没打算理这两个无聊的人。我把“米汤”瓶子继续放进温水，等“米汤”变清之后把瓶子拿出来，在米粒期待的眼神里，瓶子里开始慢慢地结出一些絮状物。

我告诉米粒，等溶液凉了就把瓶子密封起来，最好拿到外面温度低的地方。要想出现漂亮的结晶，需要等几十个小时，说得浪漫一点儿就是：风暴瓶美丽的结晶会跟圣诞夜的雪一起到来。

科学小贴士

其实风暴瓶里漂亮的结晶就是樟脑，当温度下降时，樟脑在酒精中的溶解度降低，溶解在酒精中的樟脑就会有部分析出形成固体，所以风暴瓶其实只能反映气温的变化，根本没办法预测天气。

12 月 24 日
星期一
千树万树梨花开

马上就到圣诞节了，早上课间的时候，我向高兴和米粒提议等午休时去买棵小圣诞树，但是高兴表示买的圣诞树没什么意思，不如自己做一个。他很得意地说，他能做会开花的圣诞树，而且他今天把材料都带来了，已经放在实验室托老师保管了。

咦？会开花？这么神奇？！怎么做的？

高兴不告诉我，他很酷地说，这是只有魔法师才能学的植物系魔法。

噢，那我就放心了，我肯定能学会。我跟高兴的魔法水平一向差不多——到目前为止，我俩的魔法成功率都是零。

我们来到实验室，老师把材料交给高兴。高兴从中拿出了一块硬纸板，准备把它剪成树的形状。米粒迅速抢了过去，她说以高兴的手艺，到放学我们也看不到那棵树。米粒按照高兴的描述，先剪了两片圣诞树的纸样，然后把它们垂直相交插在一起，这样树就变成立体的了，更重要的是，树就可以立住了。

高兴拿出两瓶食用色素，一瓶绿的一瓶红的，涂在圣诞树的树梢上，他说这样就可以开出带颜色的花。然后他又拿出了氨水、蓝色增白剂和一小袋食盐，高兴解释说这是肥料，有了养分这棵树才能开花。

肥料？氨水倒还可能，它本身就是化肥原料，但是蓝色增白剂？！我知道白色衣服穿久了会发黄，所以洗的时候加点儿蓝色可以让它们看起来更白。可是蓝色增白剂的主要成分是普鲁士蓝啊，我只听说过普鲁士蓝能解铊中毒，可没听说过它还能当肥料用！

高兴戴上手套和口罩，打开氨水，老师在一旁看着他操作，我和米粒则远远地躲开了，氨水有毒，会刺激皮肤和呼吸道，关键是它闻起来就像很久没打扫过的厕所，实在太难闻了。

高兴拿出一个小碗，往里面加了四勺水，两勺食盐，两勺氨水和两勺蓝色增白剂，然后搅拌均匀。我看着他把纸树放进小碗，正等着他施法呢，结果他告诉我们已经弄好了。

等等，这就好了？！我收回刚才的话，这绝对不是做肥料，能把这种溶液当肥料的植物也太魔性了。

可是上课铃响了，来不及和高兴争辩了，我和米粒赶紧跑

回教室，高兴忙跟在后面，而那棵小圣诞树则被暂时留在实验室了——没办法，氨水太难闻了，带回教室一定会被全班同学嫌弃。

好不容易等到下课，我们赶快跑去看小树，可小树一点儿变化都没有，别说开花了，连芽都没发！

高兴解释说，他的植物魔法生效需要时间，大概得 6—8 个小时。

别骗人了！我刚才都查过了：纸树能开花，是因为食盐溶液顺着硬纸板的孔隙爬满了整棵纸树。之后，随着树枝末端水分的蒸发，能溶解的食盐越来越少，那些溶解不了的食盐就会析出，成为白色晶体结在枝头，看起来就像开花了一样。蓝色增白剂里面的普鲁士蓝是非常细的蓝色粉末，但不溶于水，有了这些粉末，食盐就能更轻松地结成晶体。而氨水，它的用处还真有点儿像肥料——它可以让晶体加速生长，有了它，纸树就可以更快更好地开出花来啦！

跟什么植物魔法根本一点儿关系都没有嘛！不过，看在今天高兴这么卖力的分儿上，我就善良地不戳穿他了。

米粒建议说，既然要等那么久，不如多做几棵树，一起养在里面。于是我们从实验室找了一个大托盘，重新配了一大份溶液倒进去。米粒很快地剪出了七八棵树，涂上色素，放在了托盘里。然后我们就只能耐心地等待了。

下午放学的时候，我们迫不及待地跑进实验室。哇！真的开花了！托盘里，小树的枝头开满了白色的小花，茸茸的，像一枝枝小珊瑚，又像冬天结的冰晶，在靠近树枝的地方还带着点儿微微的粉红和嫩绿，一眼看过去，就像一片繁花似锦的小树林！真像语文课上说的“忽如一夜春风来，千树万树梨花开”！

科学小贴士

高兴做的实验中，纸树枝头白色的“小花”实际上是食盐晶体。可以用不同的盐溶液来生成“小花”，例如磷酸二氢钾溶液、硝酸钾溶液、硝酸钠溶液、氯化钾溶液等。不同盐溶液析出的“小花”晶体形状也会不同哦！

高兴最近有点儿惆怅，因为原本坐我们中间的一个同学换座位了，而新来的家伙每次帮我和高兴传纸条都会偷看。其实高兴的纸条上没啥秘密，基本都是在讨论中午或者晚上吃什么，但是高兴坚持认为被看到会有损他稳重淡定的形象。

好吧，这确实是个问题，如果高兴真有形象的话。

偷看不到的纸条……唉，要是我们会写密信就好了。就像电视里演的，平常看上去是一张白纸，放在火上烤或者浸在水里才会显出字来。

米粒很得意，她表示写密信一点儿也不难，她就会！正好午休，她可以抽点儿时间指点我们一下。

据米粒说，最简单的方法是用葱汁，就是用葱白挤出汁，然后用葱汁在纸上写字，干了之后什么都看不到，保密性非常好。想看的时候用火烤一下——葱汁里有种物质比纸更容易烧焦，所以一烤棕色的字就显出来了。

虽然这种方法很简单，可是看信的时候也太麻烦了吧！还得点火，虽然打火机的火苗小，但在教室里点起来绝对引人注目，也很危险。而且高兴说点火烤很容易把纸烧掉，万一他写的是“羊”肉，结果烤完变成“干”肉或者“王”肉怎么办？

唔，这对高兴确实是个严重的问题。于是米粒说要不用米汤和碘酒来写吧。用米汤写好信，晾干，看信的时候再把碘酒涂上去，米汤里的淀粉遇到碘会发生化学反应，变成蓝色，字迹就显出来了。

这个法子听上去很简单，看信的时候也比较隐蔽，可以试一试！高兴开心地去写信了。可没想到的是，等他写完晾干之后，拿碘酒一涂，涂到的地方全都变蓝了，根本看不到字……

喂！高兴！就算你今天午饭没好好儿吃，也不能直接画个蛋糕在信上吧！

高兴坚持说他写的是字，没画蛋糕。

没画蛋糕，难道画的是火锅？！要不然怎么会那么大，涂到的地方都变蓝了？！

米粒说这个可能确实不怪高兴，有可能是这张

纸本身含淀粉。

为了弄明白是高兴的问题还是纸的问题，我们把整张纸都涂上了碘酒，结果纸全都变蓝了。

好吧，原来高兴真的没画火锅。

米粒说，不是所有的纸都有淀粉，好像宣纸里就没有，要不咱们拿张宣纸试试看。

宣纸……用那么贵的纸传纸条，我们一定会出名的。

米粒很苦恼地想了想，表示剩下的方法里她能记得起的就只有硝酸钾了。就是把硝酸钾溶解在水里，用硝酸钾溶液写字，想看的时候就用线香熏。硝酸钾受热会分解出氧气，能帮助纸燃烧，燃烧只会沿着有硝酸钾的地方进行，字迹就烧出来了。而且这种燃烧很缓慢，也不会烧坏字迹周围的纸。

听起来好像很不错，于是我们去了实验室，在老师的指导下配了一大瓶硝酸钾溶液，而且为了能多分解点儿氧气，保证烧出字，我们还特意把硝酸钾溶液配成了饱和的。我们试了一下，终于成功地写出了密信。

下午的实验课上，高兴迫不及待地写了一个纸条传给我。当然，纸条传过那个家伙的时候，他又像以前一样偷看了。不过他很疑惑，因为这次他什么都没看到！

高兴很得意，我也很得意。

不知道是不是因为我太得意了，我刚破译出纸条上的密信，就被实验室老师发现了，他没收了纸条。于是在全班同学的注视下，纸条上呈现出一行很炫的烧焦的字：“放学我要吃鸡腿！两个！”

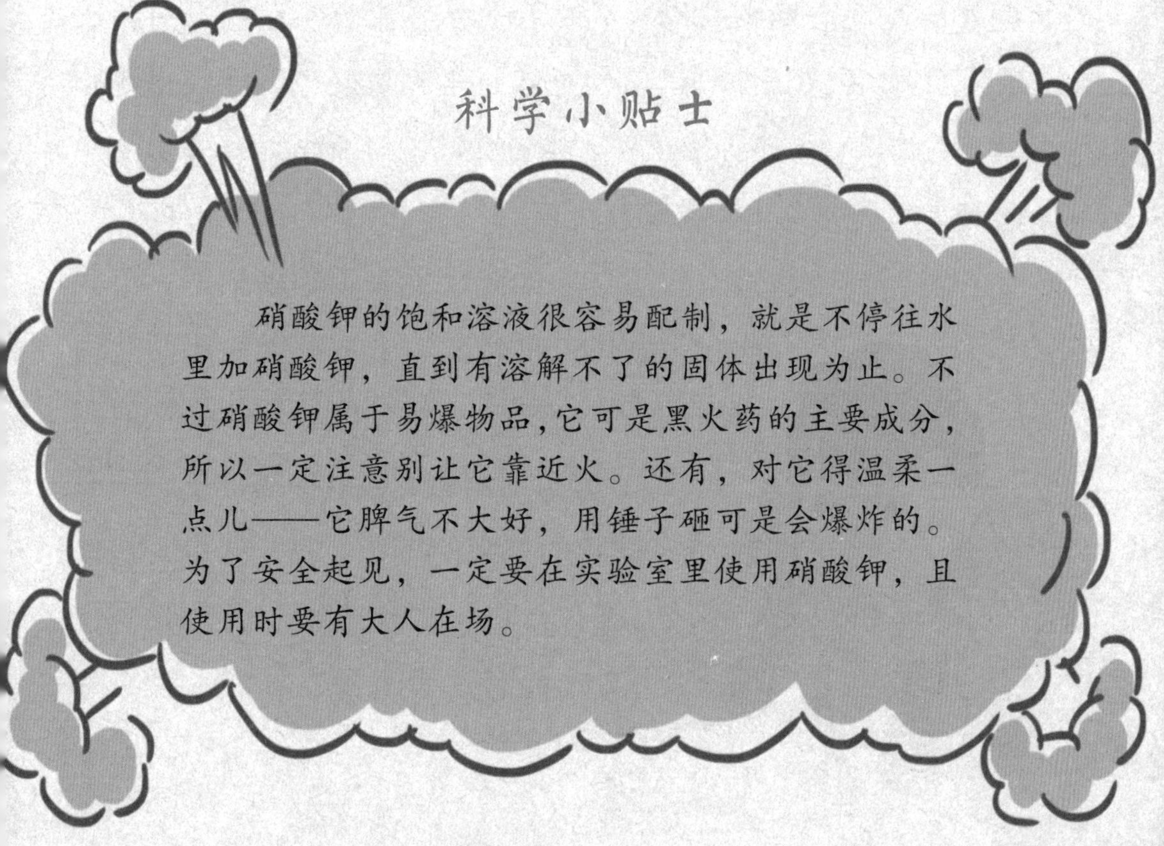

科学小贴士

硝酸钾的饱和溶液很容易配制，就是不停往水里加硝酸钾，直到有溶解不了的固体出现为止。不过硝酸钾属于易爆物品，它可是黑火药的主要成分，所以一定注意别让它靠近火。还有，对它得温柔一点儿——它脾气不大好，用锤子砸可是会爆炸的。为了安全起见，一定要在实验室里使用硝酸钾，且使用时要有大人在场。

12月29日
星期六
寄一片雪花

今天一早下起了大雪，照这个下法，估计明天就可以找高兴和米粒堆雪人打雪仗了。真棒！我简直等不及要把这个消息告诉小静了。

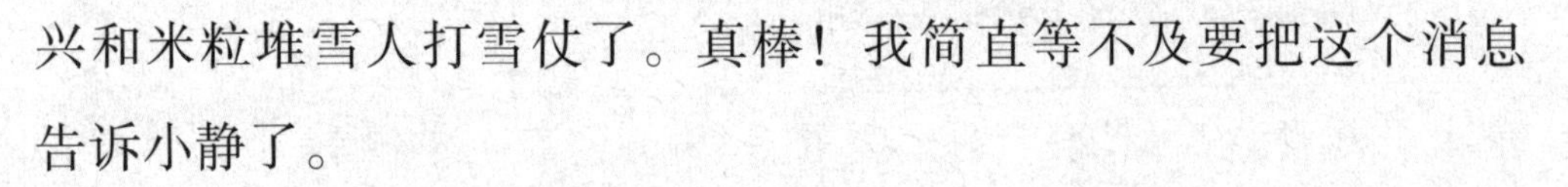

小静是我表妹，我俩经常拌嘴。小静口才好，我每次都吵不过她，可我有绝招——小静从小生活在南方，从没见过雪，所以一下雪我就会打电话给她描述一番，然后想象她气得跳脚的样子。

是时候打击一下小静了！

小静听到我这边下雪了，一如既往地表示她不稀罕，可我能听出她其实很羡慕。于是我更加起劲儿地跟她描述白茫茫一片踩上去会咯吱响的雪地，能折射出七彩光线的冰溜子，还有软软的漂亮的雪花。我一边说一边佩服自己讲得太精彩了，要是我写作文也能有这个水平，早当上语文课代表了。

可小静听完并没像往常一样反击我，她只是闷闷地说了句“我要是也能看到雪就好了”，然后挂了电话，声音听起来好失落。

我是不是有点儿过分了？没想到小静真的那么在意，要是能让她看到雪就好了。

我跑出去，接了几片雪花，可还没等跑回屋里，雪花就融化了。

这难不倒我，我找来一个保鲜盒和一副线手套，这样就可以避免手的温度融化雪花。为了让工具的温度够低，我还特地把它们放进冰箱冷冻了一会儿。然后我戴上手套，把盒子拿到屋外，一接到雪花就迅速跑进屋，可还没等跑到冰箱跟前，雪花就又融化了。唉！

没事！这也难不倒我！我找了个长的插线板，打算把冰箱推到门外，然而我妈一句话就打消了我的念头，她说：“你要把冰箱寄给小静吗？”

唉，怎么才能把雪花保存下来呢？我忽然想起了502胶水，502胶水的主要成分是α-氰基丙烯酸乙酯，它一遇到水就会迅速发生加聚反应，从而凝固成固体。要是把

502 胶水滴在雪花上，是不是就能把雪花的样子保存下来了？

我把带盖的保鲜盒、一些盖玻片、一把长镊子和一副线手套放进冰箱。等它们冰好后，我戴上口罩和手套，拿上所有的工具和一瓶 502 胶水，飞快地跑出屋——没办法，屋里太暖和了，工具一会儿就升温了。

我跑到屋檐下面，屋檐能挡住雪花，这样没准备好的时候就不会有雪花跑进来捣乱了。我拿出镊子，迅速往保鲜盒里铺盖玻片。铺满一层之后，我打开 502 胶水的盖子，冲进了雪地。

每当一片雪花落在盖玻片上，我就立刻滴上一滴 502 胶水，今天的雪很大很急，很快所有盖玻片上都有了雪花，我赶紧盖上保鲜盒盖子——要是雪花落得重叠在一起就看不出清晰的样子了。

我小心翼翼地托着保鲜盒，然后以我最快的速度冲到冰箱前，把保鲜盒放进了冷冻室。

呼——终于可以松口气了。其实胶水凝固的雪花，不需要冷冻保存，之所以要放进冰箱，是因为胶水可能还没有完全干透，如果雪花这时候融化，胶水就会跟水继续反应，雪花的形状就毁了。所以要把它冻起来，等胶水完全凝固之后就可以取出来了。

大约 6 个小时之后，我取出保鲜盒，欣赏战果。之前接雪花的时候没顾上细看，现在才发现原来雪花有那么多的形状！有的像花朵，有的像星星，有的像舵轮，每一片都不一样。我仔细挑出了最好看的几片雪花，把它们用盖玻片盖住，然后继续放进冰箱冻着。等过两天完全固化好就可以给小静寄过去了。

她看到雪花，一定会很开心吧？

科学小贴士

我今天用的盖玻片，名字听起来很专业，其实就是玻璃片，用来放实验材料的，一般跟载玻片一起使用。比如用显微镜观察的时候，可以把细胞啊，血液啊放在载玻片上，上面盖上盖玻片，这样就可以不弄脏显微镜了。对了，盖玻片很便宜哦，十几块钱一大盒呢！502 胶水具有一定的毒性，使用时最好戴上口罩。

12月30日 星期日
永不凋谢的蜡梅花

早上我跟高兴去米粒家的时候，米粒正在玩沙子，确切地说，米粒正在把埋在沙子里的蜡梅花挖出来。她看到我们，非常高兴地把蜡梅花递给我和高兴，让我们帮她把花上的沙子用毛刷刷干净。

唉，美好的一天就这么从做苦力开始了，幸好只有几朵花，我跟高兴很快就刷完了。我发现，经过沙子的干燥，这些蜡梅花虽然看上去很像鲜花，但已经完全失去水分，只留下淡淡的清香。

米粒说蜡梅花只有冬天才能见到，开败了就没有了，太可惜了，她要把蜡梅花开得最美的样子留下来。

听起来好有诗意，都不像米粒的风格了，我以为她只对黑暗料理感兴趣呢！

米粒拿出一大一小两个瓶子，上面写着“透明树脂”，瓶子上还分别标了 A 和 B。米粒说其实只有 A 瓶里是环氧树脂，B 瓶里的是固化剂，两个掺在一起就会凝固，变得很硬。

米粒戴上了口罩和一次性手套，她说这个树脂很难洗，弄到手上、衣服上可就麻烦了，所以她干脆连玻璃杯都不用了，直接拿了两个一次性塑料杯。好吧，我相信确实很难洗了。

树脂说明书上要求 A 和 B 混合时，重量比例必须是 3∶1。米粒按照这个比例，用两个塑料杯分别称取了树脂和固化剂。然后她小心地把两者倒进一个杯子，混合在一起。刚混合的液面有些像水波纹一样的东西，这个一定要搅拌开，我忍不住伸手拿过了杯子……然后米粒非常高兴地递给我一根冰糕棍儿……

我发现经过高兴和米粒这一年的训练，搅拌已经快变成我的本能了，如果搅拌和围棋一样分段位，那我一定是搅拌九段。

我拿起冰糕棍儿，缓慢地搅动，这个一定得慢，而且要保持向一个方向搅动。不然会产生大量的气泡，最后全都凝固在树脂里，非常难看。

搅拌均匀之后，我把混合物倒进另一个杯子继续搅拌，这样是为了让之前杯子底部和边缘搅拌不很充分的部分得到更多的搅拌。

不过，就算我这么小心，树脂里还是出现了很多气泡。高兴嘲笑我这搅拌水平最多是业余一段。嘁！我不跟没常识的人讨论我的段位问题——树脂和固化剂反应本来就容易产生气泡，除非树脂和固化剂是专门调整过的。

我们把配好的树脂放了一会儿，慢慢地等气泡消得差不多了，米粒拿来一盆温水，大概40多摄氏度。她把杯子放进了盆里，说等树脂的温度升上来，气泡就会更少了。

树脂温好后，米粒拿出一个椭圆形的硅胶模具，把温热的树脂慢慢地、小心地倒进了模具，不过没有倒满，只倒了薄薄的一层。然后她又端来一盆冷水，把模具放进冷水里。她说树脂在固化的时候，会发生反应放出热量，最好帮它冷却一下。

过了一会儿，树脂稍微固化了一点儿，米粒用镊子夹着蜡梅花枝小心翼翼地摆到树脂上。不得不说，米粒摆得还挺好看的，小小的几朵蜡梅花被她摆得很有韵味。摆花的过程中又出现了一些气泡，米粒用针把它们一一戳破了。

摆好蜡梅花之后，米粒又让我重新配了一份树脂，然后她再次把树脂小心翼翼地倒进了模具，这次一直倒满，液面都鼓起来了。米粒说这样做出来的模型顶面才是光滑的，不然会凹进去，很难看。

接下来就要耐心地等树脂固化了，至少得十几个小时呢。

晚上我和高兴回家之前，树脂总算凝固得差不多了。米粒把它从模具里取出来。凝固了的树脂透明度特别好，像一块纯净的冰。几朵蜡梅花在“冰”里面错落有致地分布着，就像在盛开的一瞬间被突然冻住，永远也不会凋谢了。

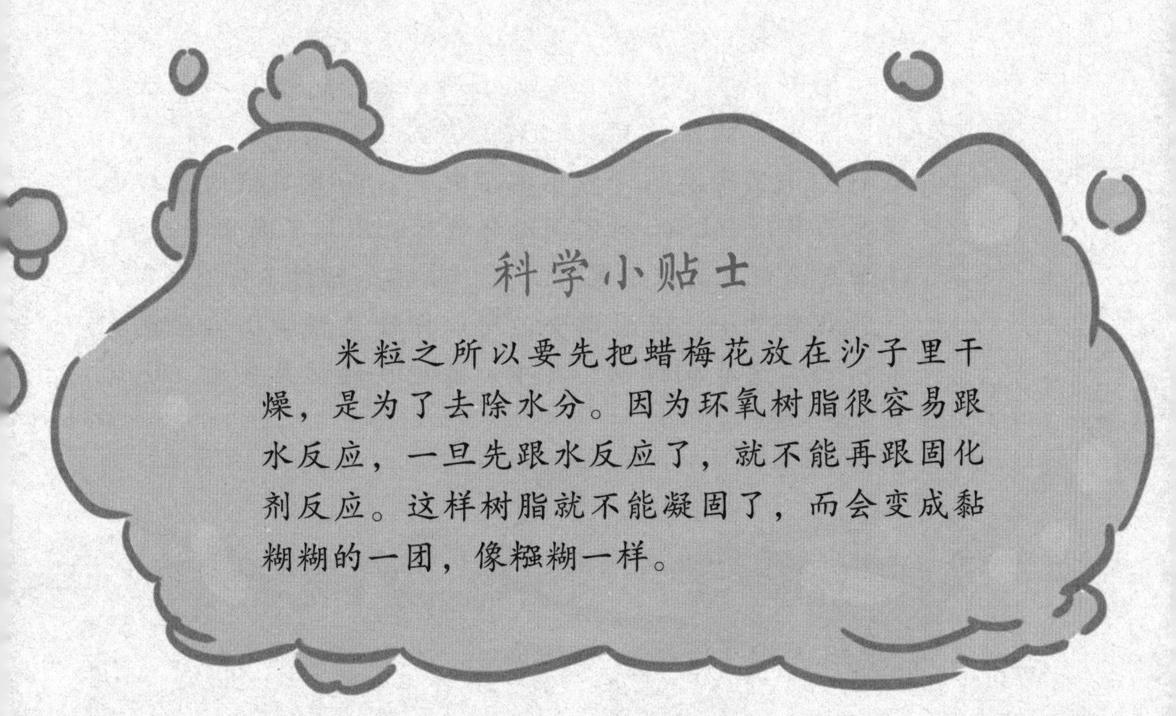

科学小贴士

米粒之所以要先把蜡梅花放在沙子里干燥，是为了去除水分。因为环氧树脂很容易跟水反应，一旦先跟水反应了，就不能再跟固化剂反应。这样树脂就不能凝固了，而会变成黏糊糊的一团，像糨糊一样。

怎样做科学小实验

如果一栋大楼没有了地基会怎么样？天哪，感觉很恐怖吧！没有实验的科学推测就像是这样的大楼，根本站不住！有的现象要弄清是怎么回事，我们必须要动手试试才行。想想看，如果不是伽利略在比萨斜塔上扔下两个铁球，人们怎么也不会相信重量不同的铁球会同时落地。我记得高兴说过一句“名言”：“如果科学是美味佳肴，那么科学实验就是做好这些佳肴的食材。”

我们“科学小超人”可不会忽视了实验的重要性！你一定想不到表面看起来风平浪静的后院，其实地下暗藏着米粒的实验场。前不久为了研究煤的形成，米粒竟然收集了整整一大箱木头埋在了地下。

不过每当提起这个实验，我的脑海里总是会浮现小饭团团转，妄想追到自己尾巴的画面。好吧，我承认这样“宏大”的实验对我们来说有些不切实际。不过，一些科学小实验我们却可以驾轻就熟，而且实验的器材也很容易获得。比如，我们制造静电时就用到了高兴的毛衣，不管怎么说，毛衣也算得上是“精密”器材了！

麻雀虽小，五脏俱全，所以即使是科学小实验也有些问题需要我们注意。其中，最重要的就是安全。还记

得上次米粒用纸杯烧水吗？虽然纸杯不会燃烧，但据说米粒后来还是受到了她爸妈狂风暴雨般的批评。所以，在做这样危险的实验前，一定要和大人沟通好。即便如此，对于我们这些“非专业人士”来说，危险的实验还是少做为好。据说美国一个叫马克·苏皮斯的软件工程师，一到晚上就摇身一变成了物理学家，他在一间仓库里建起了核聚变反应堆！我想如果哪天听说米粒也制作核聚变反应堆，那要抓狂的可就不只是她的爸妈了！

其次，在实验前制订一个周密的计划也不可忽视。“前虑不定，必有大患。”这句话我们可是深有体会！每次不假思索就马上开始的实验，过程中一定会是手忙脚乱。这时如果你来看我们的实验现场，一定会惊恐地认为这里刚刚发生过暴乱，因为到处都是一片狼藉。所以事先做好周密的计划，尽量做好实验的万全准备，不仅能大大提高效率，尽早且准确地达成实验目标，而且也是安全的保证之一。说到这儿，就不得不说一下高兴了。我原以为他独自做实验时一定有十分周密的计划，我记得他一年前就说要做一部简易电话，可是就像实施他的减肥方案一样，他的电话制作总是徘徊在构思阶段，至今也没有真正开始……

图书在版编目（CIP）数据

奇妙的化学 / 肖叶, 吴克端著；杜煜绘. -- 北京 :天天出版社, 2024.6
（孩子超喜爱的科学日记）
ISBN 978-7-5016-2315-0

Ⅰ. ①奇… Ⅱ. ①肖… ②吴… ③杜… Ⅲ. ①化学－少儿读物 Ⅳ. ①O6-49

中国国家版本馆CIP数据核字(2024)第092388号

责任编辑： 陈　莎　　**文字编辑：** 李克柔
责任印制： 康远超　张　璞　　**美术编辑：** 曲　蒙

出版发行： 天天出版社有限责任公司
地址： 北京市东城区东中街 42 号　　**邮编：** 100027
市场部： 010-64169902　　**传真：** 010-64169902
网址： http://www.tiantianpublishing.com
邮箱： tiantiancbs@163.com

印刷： 北京鑫益晖印刷有限公司　　**经销：** 全国新华书店等
开本： 710 × 1000　1/16　　**印张：** 8.25
版次： 2024 年 6 月北京第 1 版　　**印次：** 2024 年 6 月第 1 次印刷
字数： 78 千字

书号： 978-7-5016-2315-0　　**定价：** 30.00 元